编制单位：
中国水产科学研究院淡水渔业研究中心
江苏镇江长江豚类省级自然保护区管理处

JIANGSU ZHENJIANG

CHANGJIANG TUNLEI

SHENGJI ZIRAN BAOHUQU

YULEI TUCE

江苏
镇江

长江豚类省级自然保护区
鱼类图册

主　编：　王召根　刘　凯　蔺丹清　潘　杰

参　编：　梁海英　叶　昆　邵　严　刘思磊

　　　　　应聪萍　贾景帅　陈凌杰　徐少远

　　　　　唐梦亭　方俊锡　邢晓勇　韦　锋

　　　　　张家路　陈宇宽　姜　敏　尹登花

江苏大学出版社
JIANGSU UNIVERSITY PRESS

镇　江

图书在版编目(CIP)数据

江苏镇江长江豚类省级自然保护区鱼类图册 / 王召根等主编. -- 镇江：江苏大学出版社，2025.6.
ISBN 978-7-5684-2454-7

Ⅰ. Q959.408-64

中国国家版本馆 CIP 数据核字第 20252KR661 号

江苏镇江长江豚类省级自然保护区鱼类图册

主　　编/王召根　刘　凯　蔺丹清　潘　杰

责任编辑/仲　蕙

出版发行/江苏大学出版社

地　　址/江苏省镇江市京口区学府路 301 号（邮编：212013）

电　　话/0511-84446464（传真）

网　　址/http://press.ujs.edu.cn

排　　版/镇江市江东印刷有限责任公司

印　　刷/江苏凤凰光彩印务有限公司

开　　本/718 mm×1 000 mm　1/16

印　　张/11.5

字　　数/209 千字

版　　次/2025 年 6 月第 1 版

印　　次/2025 年 6 月第 1 次印刷

书　　号/ISBN 978-7-5684-2454-7

定　　价/75.00 元

如有印装质量问题请与本社营销部联系（电话：0511-84440882）

前 言

　　客路青山外，行舟绿水前。潮平两岸阔，风正一帆悬。长江与京杭大运河"十"字交汇处便是镇江。长江镇江段水生生物多样性丰富，焦北滩—和畅洲水域是长江下游少有的长江江豚优良栖息地，是促进镇江上下江段不同种群之间基因交流的重要生态走廊，也是中华鲟、胭脂鱼等珍稀濒危鱼类的重要洄游通道。

　　2003年，江苏省人民政府办公厅同意建立江苏镇江长江豚类省级自然保护区，该保护区位于江苏省镇江市丹徒区和畅洲长江左汊江段，向上（向西）延伸至焦山尾之间的长江主航道南侧水域及洲滩湿地（北纬32°11′41″—32°16′01″，东经119°25′01″—119°37′09″），涉及镇江市丹徒、京口区、润州区和扬州市广陵区，是江苏省最早建立的水生生物自然保护区和长江最下游的长江江豚就地保护区，也是镇江市面积最大、管控要求最严格、生物多样性最丰富的自然保护地，对于珍稀濒危物种的保护和恢复具有重要生态价值。

　　为深入贯彻习近平生态文明思想，推动落实长江大保护国家战略，提高保护区生物多样性保护水平，受江苏镇江长江豚类省级自然保护区管理处委托，中国水产科学研究院淡水渔业研究中心于2022—2023年开展保护区生态科学考察，以期全面摸清保护区鱼类资源"家底"。考察期间，工作团队对活体鱼类进行现场拍摄，克服了部分种类较难采集、拍摄活体照难度大等困难，并结合历史调查结果，将在保护区水域有记录的主要鱼类一并收录整理成册。本图册收录包括白鱀豚、长江江豚、白鲟、中华鲟、胭脂鱼、鳗鲡等保护物种，以及分布在保护区的75种鱼类活体（或标本）的活体照（或标本照）及头部、头部腹面和尾部的局部照，并参考《长江鱼类》《江苏鱼类志》《太湖鱼类志》等专著和相关文献所描述的鱼类外形、分类、食性、繁殖等特征辅以文字介绍，同步展示2022—2023年间考察到的鱼类分布结果及生物学数据。期望本书能为科研、教学以及科普等工作提供科学性参考依据，进而推动对保护区鱼类多样性的认识、研究与保护工作。

本图册的出版得到了江苏省林业局、江苏省农业农村厅、镇江市自然资源和规划局、镇江市农业农村局的大力支持，韩骁、陈浩骏等为照片的拍摄提供了大力协助，在此表示衷心感谢！

由于编者水平有限，书中难免存在疏漏之处，望批评指正！

编写组

2025年3月

目　录

保护物种

白鱀豚

Lipotes vexillifer（Zhou, Qian *et* Li, 1978）

活 体 照

武汉白鱀豚保护基金会　提供

俗　　名：白鱀鱼、鱀

分类地位：鲸目 Cetacea、白鱀豚科 Lipotidae、白鱀豚属 *Lipotes*

保护等级：国家一级重点保护野生动物；《濒危野生动植物种国际贸易公约》（CITES）附录 I 保护物种；《世界自然保护联盟濒危物种红色名录》列为"极危级"（CR）。2007 年功能性灭绝

形态特征

体呈纺锤形，吻部极狭长，眼、耳极小，喙狭长而稍微上翘，额隆圆，低三角形的背鳍位于从吻端向后约 2/3 体长处，尾鳍扁平分为两叉，两边的胸鳍呈扁平的手掌状，鳍肢宽而梢端钝圆。体背部呈蓝灰色或灰色，腹部白色，在头和颈的侧面从眼至鳍肢形成灰色和白色相间的波状分界。

食性特征

主要摄食鱼类，鲤、鲢、草鱼、青鱼、赤眼鳟、鲇和黄颡鱼等皆可为食，日摄食量可占其体重的 10%~12%。

繁殖习性

繁殖期 3—8 月，每胎产 1 崽，初生的幼崽体重约 5 kg。

调查成果

在保护区水域有历史分布。

长江江豚 *Neophocaena asiaeorientalis*（Pilleri *et* Gihr, 1972）

活 体 照

俗　　名: 江猪、江豚

分类地位: 鲸目 Cetacea、鼠海豚科 Phocoenidae、江豚属 *Neophocaena*

保护等级: 国家一级重点保护野生动物;《濒危野生动植物种国际贸易公约》
（CITES）附录Ⅰ保护物种;《世界自然保护联盟濒危物种红色名
录》列为"极危级"（CR）

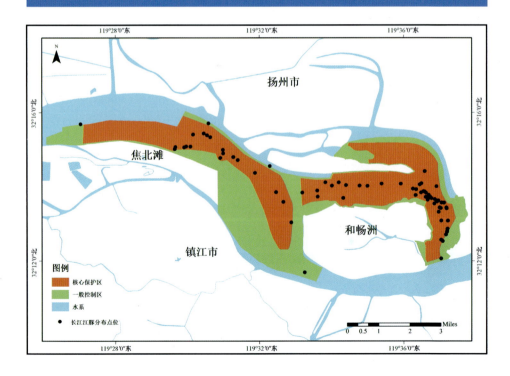

形态特征

体呈纺锤形，头部较短，近似圆形。额部稍向前凸出，吻部短而阔，呼吸孔开口于头部，潜水时关闭，出水面呼吸时张开。眼小，视觉不发达，外耳孔极小。体色暗灰，无背鳍，尾鳍较大，分为左、右两叶，呈水平状。雌性个体在腹面后部有生殖孔，其后为肛门，在生殖孔两侧各有一条纵沟，沟内各有一乳头；雄性个体生殖孔位于身体腹面稍前方，距离肛门较远。

食性特征

主要摄食刀鲚、短颌鲚、鳘、贝氏鳘、飘鱼等小型鱼类，日摄食量约占体重的 10%。

繁殖习性

属混交制，交配期在春、秋两季，怀孕期约 11.5 个月，每胎产 1 崽，哺乳期约 6 个月，幼豚通常与母豚在一起生活 1 年以上才离群。

调查成果

2022 年 10 月—2023 年 8 月双船截线抽样法考察结果显示，4 次考察共目击到长江江豚 244 群次，126 头次，在和畅洲和焦北滩水域均有分布，主要分布在和畅洲东北角水域。

白 鲟

Psephurus gladius（Martens, 1862）

活体照

中国水产科学研究院长江水产研究所　提供

俗　　名： 象鱼、象鼻鱼、箭鱼、柱鲟鳇、琵琶鱼

分类地位： 鲟形目 Acipenseriformes、匙吻鲟科 Polyodontidae、白鲟属 *Psephurus*

保护等级： 国家一级重点保护野生动物；《濒危野生动植物种国际贸易公约》（CITES）附录 Ⅱ 保护物种；《世界自然保护联盟濒危物种红色名录》列为"极危级"（CR）；2022 年被宣布灭绝

形态特征

体梭形，前部稍平扁，中段粗壮，后部略侧扁，歪型尾。头极长，头长超过体长的一半。吻呈长剑状且基部肥厚，吻的头部腹面能自由伸缩。体上及头部均裸露，没有骨板被覆，上下颌具有细牙齿。头部、体背和尾鳍均为暗灰色，腹部白色。

食性特征

肉食性鱼类，主要摄食鱼类，以虾、蟹等为辅。

繁殖习性

繁殖期3—4月，产沉性卵。产卵场所位于长江上游，多为水流较急、底质多岩石或鹅卵石的水域。

调查成果

在保护区水域有历史分布。

中华鲟 *Acipenser sinensis*（Gray, 1835）

活 体 照

中国水产科学研究院长江水产研究所　提供

俗　　名：鲟鱼、腊子、鳇鲟、黄鲟、潭龙、鲟鲨

分类地位：鲟形目 Acipenseriformes、鲟科 Acipenseridae、鲟属 *Acipenser*

保护等级：国家一级重点保护野生动物；《濒危野生动植物种国际贸易公约》
（CITES）附录 II 保护物种；《世界自然保护联盟濒危物种红色名
录》列为"极危级"（CR）

形态特征

体延长，亚圆筒形。头尖长，略平扁。全身被5列骨板，背部正中1行较大，背鳍前有8~14块，背鳍后有1~2块。吻须4根，吻延长，尖突。眼小，侧位，位于头的后半部分。鼻孔每侧2个，椭圆形，位于眼前。口小，腹位，能伸缩，上下颌无齿，唇发达。体色在侧骨板以上为青灰色、灰褐色或灰黄色，侧骨板以下逐步由浅灰色过渡到黄白色，腹部为乳白色，各鳍呈灰色而有浅边。

食性特征

幼鱼摄食底栖水生寡毛类、水生昆虫、小型鱼虾类及软体动物，成鱼摄食底栖动物或动植物碎屑，生殖期间停止摄食或少量摄食。

繁殖习性

江海洄游性鱼类。产沉性卵。每年6—7月进入长江开始溯河洄游，次年10—11月在长江中上游产卵场繁殖。

调查成果

在保护区水域有历史分布。

胭脂鱼　　　　　　　　*Myxocyprinus asiaticus*（Bleeker, 1864）

活 体 照

俗　　名： 火烧鳊、黄排、木叶盘、红鱼、紫鳊、燕雀鱼

分类地位： 鲤形目 Cypriniformes、亚口鱼科 Catostomidae 、 胭脂鱼属 *Myxocyprinus*

保护等级： 国家二级重点保护野生动物；《世界自然保护联盟濒危物种红色名录》列为"濒危级"（EN）

形态特征

体长，侧扁，背鳍起点处体最高，腹部宽圆，腹缘较直。吻圆钝，略突出。眼位于头侧上方，距头后端较距吻端稍近，眼间隔宽凸。口下位，马蹄形，宽大于长，后端仅达鼻孔下方。唇发达，不中断，下唇宽且后缘有小穗状突起。幼鱼体侧具三条暗棕色或黑色横纹，背鳍比成鱼高耸；成熟雄鱼体侧为胭脂红色，雌鱼体侧为酱紫色，背鳍、尾鳍均呈淡红色。

| 头部 | 头部腹面 | 尾部 |

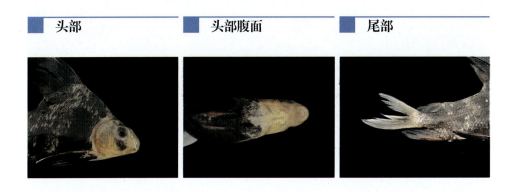

食性特征

主要摄食底栖无脊椎动物，常栖息于江河的中下层。

繁殖习性

5~6龄性成熟，繁殖期3—4月，产沉性卵。

调查成果

在保护区水域有历史分布。

鳗 鲡　　Anguilla japonica（Temminck *et* Schlegel, 1846）

活体照

俗　　名：鳗鱼、白鳝

分类地位：鳗鲡目 Anguilliformes、鳗鲡科 Anguillidae、鳗鲡属 *Anguilla*

保护等级：《江苏省重点保护水生野生动物名录》收录物种

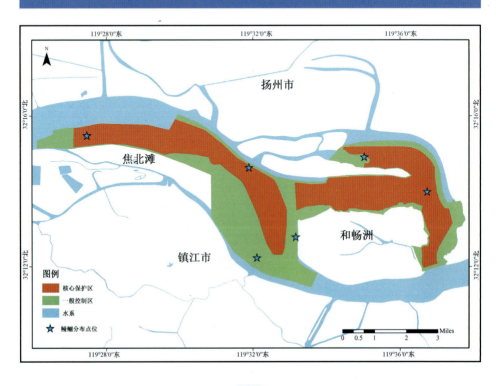

形态特征

体延长，前段圆筒形，后段侧扁，尾部长度大于头与躯干部的合长。头圆锥形，前部稍平扁，头长约等于或大于背鳍起点与臀鳍起点的直线距离。口大，端位，口裂深，近水平。眼小，侧上位，靠近吻端，埋于皮下，眼间隔宽阔，平坦，约等于吻长。背鳍起点远在肛门前上方。胸鳍宽圆，短小，小于头长的1/2。臀鳍起点与背鳍起点间距小于头长，约等于吻后头长。背鳍和臀鳍发达，鳍基末与尾鳍相连接。无腹鳍。肛门紧靠臀鳍起点。尾鳍末端圆钝。平时生活时体背部青灰色，腹部白色，背鳍和臀鳍边缘黑色，胸鳍灰白色；降海生殖洄游时，体呈金属光泽，体侧淡金黄色，腹部淡红或紫红色。

| 头部 | 头部腹面 | 尾部 |

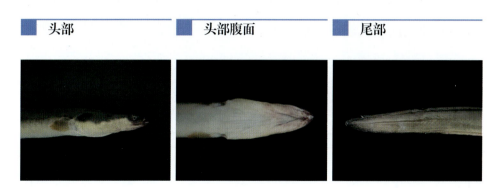

食性特征

主要摄食水生昆虫、小型鱼虾。降海生殖洄游期间不摄食，消化器官也随之退化。

繁殖习性

降海洄游性鱼类。繁殖期2—6月，产浮性卵。孵出的鳗苗溯河而上，到长江各干、支流索饵、肥育、生长，成熟后又进行降海生殖洄游。

调查成果

共采集10尾，全长范围为285~608 mm，体长范围为281~588 mm，体重范围为22.2~334.0 g。

鳊 *Parabramis pekinensis*（Basilewsky，1855）

活体照

俗　　名：长身鳊、长春鳊

分类地位：鲤形目 Cypriniformes、鲤科 Cyprinidae、鳊属 *Parabramis*

保护等级：《江苏省重点保护水生野生动物名录》收录物种

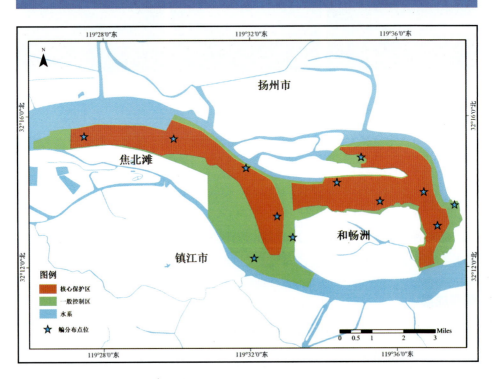

形态特征

体高而侧扁，似菱形，腹棱为全棱。头小，头长远小于体高。吻短而尖，吻长约等于或稍大于眼径。眼大而侧位，眼后缘距吻端小于眼后头长，眼间隔隆起，眼间距大于眼径。背鳍起点位于腹鳍起点后方，末根不分支鳍条为粗壮硬刺，硬刺长稍大于头长。胸鳍后伸接近腹鳍起点。腹鳍起点约位于胸鳍起点与臀鳍起点间的正中或稍后，后伸不达肛门。臀鳍基较长，鳍条前长后短，鳍缘平直。尾鳍深叉形。体背部青灰色，腹部银白色，背鳍、尾鳍青灰色，其余各鳍灰白色。

头部	头部腹面	尾部

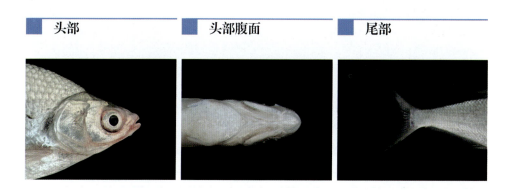

食性特征

幼鱼主要摄食浮游动物和藻类，成鱼主要摄食水生植物、浮游生物，以水生昆虫等为辅。

繁殖习性

2龄性成熟，繁殖期4—6月，产漂流性卵。

调查成果

共采集487尾，全长范围为44~633 mm，体长范围为32~551 mm，体重范围为0.2~2849.7 g。

长吻鮠

Leiocassis longirostris（Günther，1864）

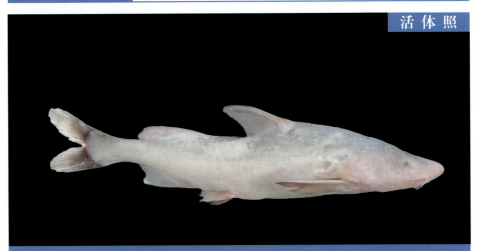

活体照

俗　　名：肥坨、江团、白哑肥

分类地位：鲇形目 Siluriformes、鲿科 Bagridae、鮠属 *Leiocassis*

保护等级：《江苏省重点保护水生野生动物名录》收录物种

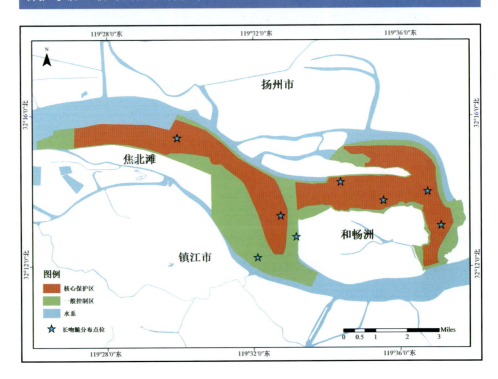

形态特征

体长，前段粗壮，后段渐细而侧扁。头较尖，头背部隆起，腹面平。吻明显向前突出，吻长大于眼间距，口下位，新月形。眼小，位于头的前部，侧上位，包被皮膜，无游离眼缘，眼间隔宽阔，微隆。背鳍基部起点位于体长中点之前，背鳍刺长于胸鳍刺，后缘具锯齿。脂鳍后端游离，稍长于臀鳍基。胸鳍后伸不达腹鳍起点，胸鳍刺前缘光滑，后缘具锯齿。腹鳍位于背鳍基后方，后伸超过肛门，接近或达臀鳍起点。肛门约位于腹鳍与臀鳍之中点。尾鳍深叉形。体光滑无鳞，侧线完全，平直，体粉红色，腹面白色，头及背侧具大块不规则的紫灰色斑纹，各鳍灰黄色。

| ■ 头部 | ■ 头部腹面 | ■ 尾部 |

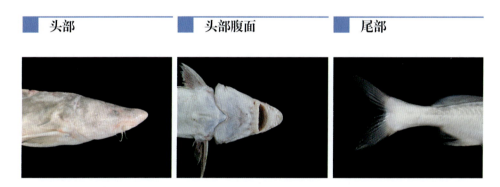

食性特征

肉食性鱼类，主要摄食虾蟹类及小型鱼类。

繁殖习性

3~5 龄性成熟，繁殖期 4—6 月，一次性产卵，产黏性卵，成熟卵近圆球形，灰黄色。

调查成果

共采集 11 尾，全长范围为 134~483 mm，体长范围为 109~434 mm，体重范围为 17.9~951.4 g。

鱼 类

刀 鲚   *Coilia nasus*（Temminck *et* Schlegel, 1846）

活 体 照

俗　　名：刀鱼

分类地位：鲱形目 Clupeiformes、鳀科 Engraulidae、鲚属 *Coilia*

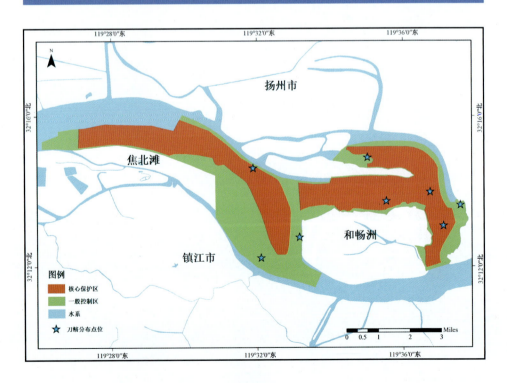

形态特征

体长而侧扁，形如柳叶，背部稍圆，腹部狭窄，尾部向后渐细小。口大、下位，口裂深斜行。下颌略短于上颌，上颌骨甚长，后伸达或超过胸鳍起点，下缘为锯齿状。眼较大，近吻端，眼间隔圆凸。背鳍靠前，末根不分支鳍条末端柔软分节，位于体前部1/4处，远离尾鳍基，起点稍后于腹鳍起点。胸鳍上部具游离鳍条6根，延长成丝状，后伸达臀鳍起点。腹鳍小，起点与背鳍起点相对或稍前。臀鳍基甚长，鳍基末与尾鳍相连；尾鳍不对称，上叶较长，下叶很短。背部黄褐色，体侧和腹部淡白色，吻端、头顶和鳃盖上方橘黄色，背鳍和胸鳍橘黄色，腹鳍、臀鳍浅黄色，尾鳍基黄色，后缘黑色，唇和鳃盖膜淡红色。

头部	头部腹面	尾部

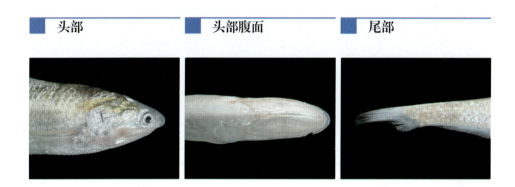

食性特征

体长 25~130 mm 的个体主要摄食枝角类和桡足类浮游动物，以藻类为辅，体长大于 130 mm 的个体转食小型鱼虾类。

繁殖习性

江海洄游型鱼类。1~2 龄性成熟，繁殖期 4—6 月，一次性产卵，产浮性卵，卵淡灰色。

调查成果

共采集 40 尾，全长范围为 107~370 mm，体长范围为 91~341 mm，体重范围为 6.5~147.7 g。

短颌鲚　*Coilia brachygnathus*（Kreyenberg *et* Pappenheim, 1908）

活 体 照

俗　　名：毛花鱼、毛叶（鱼）

分类地位：鲱形目 Clupeiformes、鳀科 Engraulidae、鲚属 *Coilia*

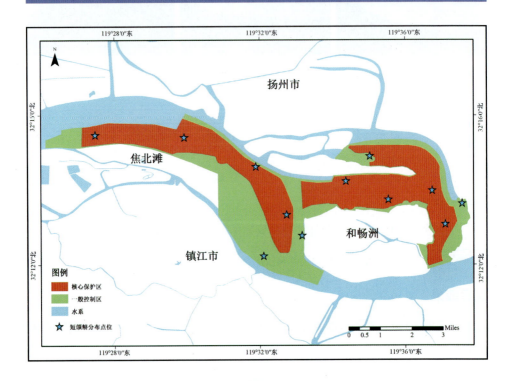

形态特征

体长而侧扁，背部较平直，胸腹部具棱鳞。吻短，向前突出。头长为吻长的 3.7~4.6 倍，为眼径的 3.7~4.6 倍，为眼间距的 3.2~3.6 倍。口大，前下位，斜裂。上颌骨向后伸达鳃盖孔附近，上下颌、腭骨、犁骨上具有细齿。鳃孔大，鳃耙细长、鲜红。体被薄的圆鳞，无侧线，腹膜灰白色。

| 头部 | 头部腹面 | 尾部 |

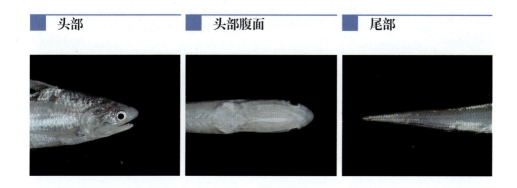

食性特征

幼鱼主要摄食浮游动物，成鱼主要摄食鱼虾。

繁殖习性

1~2 龄性成熟，繁殖期 4—6 月，一次性产卵，产浮性卵，卵淡灰色。

调查成果

共采集 182 尾，全长范围为 90~363 mm，体长范围为 80~330 mm，体重范围为 2.4~159.6 g。

大银鱼 *Protosalanx chinensis*（Basilewsky，1855）

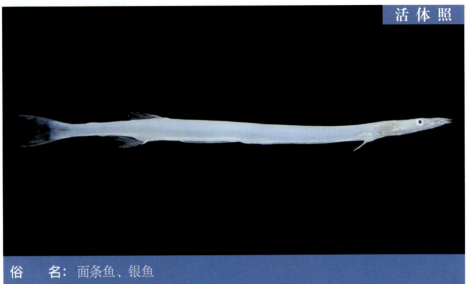

活体照

俗　　名： 面条鱼、银鱼
分类地位： 胡瓜鱼目 Osmeriformes、银鱼科 Salangidae、大银鱼属 *Protosalanx*

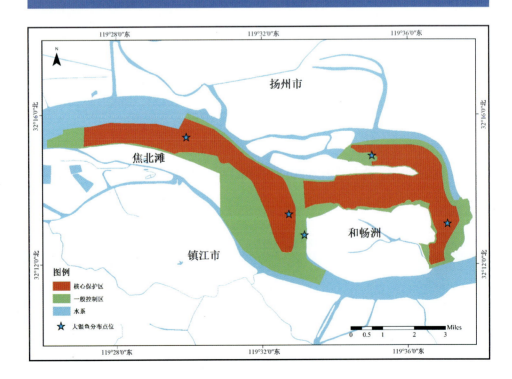

形态特征

体延长，前段近圆筒形，后段侧扁。头宽而平扁。吻尖，三角形，吻长小于眼后头长。口大，端位。吻短，舌具齿。眼大，侧位，眼间隔宽平。背鳍位于体后半部，起点距胸鳍起点较距尾鳍基稍远。脂鳍小，位于臀鳍后上方。胸鳍较小，似扇形，具发达的肌肉基。腹鳍小，腹鳍起点距胸鳍起点较距臀鳍起点近。肛门紧靠臀鳍起点。臀鳍基长于背鳍基，臀鳍基长。尾柄短，尾鳍叉形。活体透明，死后变为乳白色，体侧上方和头背部密布小黑点，各鳍灰白色，边缘灰黑色。

| 头部 | 头部腹面 | 尾部 |

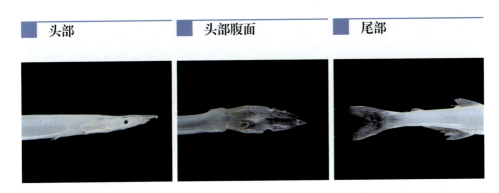

食性特征

肉食性鱼类，幼鱼主要摄食枝角类、桡足类等浮游动物和小型鱼虾，成鱼主要摄食小型鱼虾。

繁殖习性

繁殖期 12 月—次年 3 月，盛产期 1—2 月，分批产卵，产沉性卵。一年生鱼类，产卵后亲鱼死亡。

调查成果

共采集 15 尾，全长范围为 101~157 mm，体长范围为 89~142 mm，体重范围为 1.8~9.6 g。

草 鱼　　　*Ctenopharyngodon idella*（Valenciennes，1844）

活体照

俗　　名： 草鲩、白鲩、鲩、混子

分类地位： 鲤形目 Cypriniformes、鲤科 Cyprinidae、草鱼属 *Ctenopharyngodon*

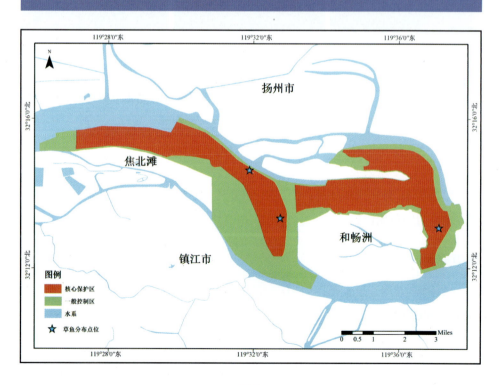

图例
- 核心保护区
- 一般控制区
- 水系
- ★ 草鱼分布点位

形态特征

体长，略呈圆筒形，腹圆，无腹棱，尾部侧扁，尾柄长大于尾柄高。头中等，颇宽。吻短，圆钝，吻长大于眼径。口大，端位，斜裂。眼小，中侧位。各鳍均无硬刺。背鳍起点稍前于腹鳍起点，距吻端较距尾鳍基远。臀鳍起点距腹鳍起点较距尾鳍基远。胸鳍侧下位，后伸不达腹鳍起点。腹鳍起点约位于背鳍第2根分支鳍条下方，距胸鳍起点与距臀鳍起点相近，后伸不达肛门。尾鳍叉形。体背侧茶黄色，体侧银白色略带黄色，腹部银白色，各鳍浅灰色。

头部	头部腹面	尾部

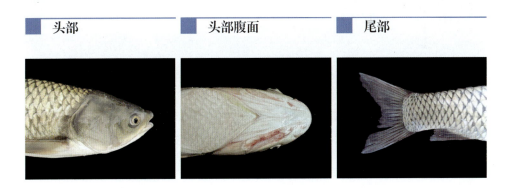

食性特征

植食性鱼类，幼鱼阶段和鱼种阶段主要摄食浮游动物和藻类等，成鱼主要摄食水生高等植物。

繁殖习性

3~4龄性成熟，繁殖期5—7月，产漂流性卵。繁殖期雄鱼胸鳍第1根至第4根鳍条上布满珠星，但雌鱼珠星只在这些鳍条末端的后半部零星散布。

调查成果

共采集6尾，全长范围为490~739 mm，体长范围为406~602 mm，体重范围为1464.0~4533.5 g。

鳡   *Elopichthys bambusa*（Richardson, 1845）

活体照

俗　　名：竿鱼、大口鳡

分类地位：鲤形目 Cypriniformes、鲤科 Cyprinidae、鳡属 *Elopichthys*

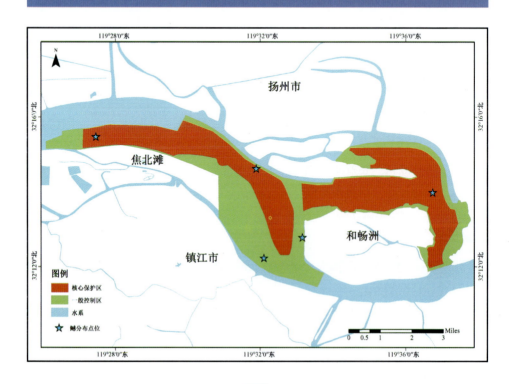

形态特征

体延长，稍侧扁，腹部圆，无腹棱。头长而尖。吻尖突，喙状，吻长远大于吻宽，为眼径的 2.2~4.0 倍。口端位，口裂大，后伸达眼中部下方。眼小，侧上位，眼间隔宽平。背鳍起点距吻端远大于距尾鳍基。胸鳍尖，后伸达胸鳍起点至腹鳍起点间的中点。腹鳍起点位于背鳍之前。肛门紧靠臀鳍起点。臀鳍起点位于腹鳍起点至尾鳍基间的中点。尾鳍深叉形，上、下叶等长，末端尖。体背灰褐色，腹部银白色，背鳍、尾鳍深灰色，颊部和其余各鳍淡黄色。

头部	头部腹面	尾部

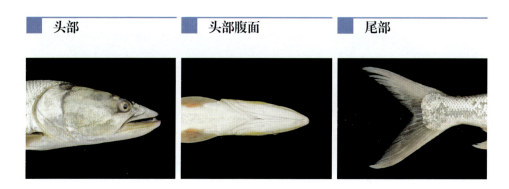

食性特征

肉食性鱼类，开口饵料为浮游动物。幼鱼主要摄食仔鱼，成鱼主要摄食鲴类、鲌类、鲫等中小型鱼类。

繁殖习性

雄鱼性成熟时间略早于雌鱼，雄鱼 3 龄，雌鱼一般 4 龄，繁殖期 4—6 月，盛产期 5 月，产漂流性卵。

调查成果

共采集 7 尾，全长范围为 168~698 mm，体长范围为 136~557 mm，体重范围为 6.8~1800.0 g。

青 鱼

Mylopharyngodon piceus（Richardson，1846）

活体照

俗　　名：螺蛳青、乌青、青混

分类地位：鲤形目 Cypriniformes、鲤科 Cyprinidae、青鱼属 *Mylopharyngodon*

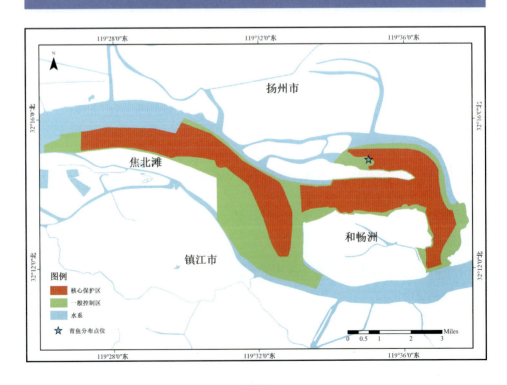

形态特征

体延长，腹部圆，无腹棱。头顶部宽平。吻钝尖，吻长大于眼径。口端位，弧形，口裂末端达鼻孔后缘下方。眼间隔宽突。各鳍均无硬刺，背鳍起点稍前于腹鳍起点，距吻端较距尾鳍基稍近或约相等。胸鳍侧下位，后伸不达腹鳍起点。腹鳍起点约与背鳍第 2 根分支鳍条相对，后伸不达肛门。肛门紧靠臀鳍起点。臀鳍起点距腹鳍起点较距尾鳍基近。尾鳍叉形，上、下叶等长。体青灰色，背面较深，腹部灰白色，各鳍均黑色。体侧及背部鳞片基部具黑斑，侧线鳞上更明显。

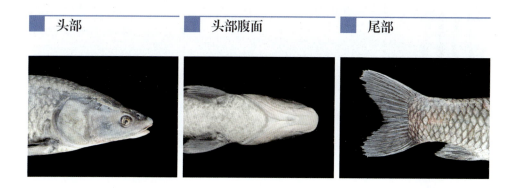

| 头部 | 头部腹面 | 尾部 |

食性特征

肉食性鱼类，主要摄食蚌、蚬、螺蛳等软体动物，以虾、螃蟹和昆虫幼虫为辅。

繁殖习性

4~5 龄性成熟，繁殖期 4—7 月，产漂流性卵，卵浅黄色。

调查成果

共采集 1 尾，全长为 182 mm，体长为 151 mm，体重为 58 g。

赤眼鳟

Squaliobarbus curriculus（Richardson，1846）

活 体 照

俗　　名： 野草鱼、红眼棒、红眼草鱼、红眼鲐、红眼鱼
分类地位： 鲤形目 Cypriniformes、鲤科 Cyprinidae、赤眼鳟属 *Squaliobarbus*

形态特征

体延长，前端略似纺锤形，后段侧扁，腹部圆，无腹棱。头呈圆锥形，背面平。吻短钝，口端位，弧形。唇较厚。眼侧上位，靠近吻端，上部具红斑。须细小，2对，下咽齿3行。各鳍均无硬刺，背鳍起点与腹鳍起点相对或略前，距吻端较距尾鳍基近。胸鳍侧下位，后伸可达胸鳍起点与腹鳍起点间的3/5处。腹鳍起点约位于胸鳍起点至臀鳍起点间的中点。体背青灰色或黄色，体侧银灰色，腹部白色。

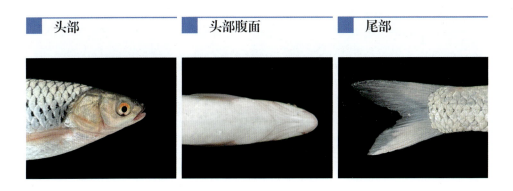

| 头部 | 头部腹面 | 尾部 |

食性特征

杂食性鱼类，主要摄食藻类和水生高等植物，以水生昆虫、小型鱼类及淡水壳菜等为辅。

繁殖习性

繁殖期4—6月，产漂流性卵，卵呈浅绿色。繁殖期成熟雄鱼胸鳍具颗粒状珠星，非繁殖期珠星消失。

调查成果

在保护区水域有历史分布。

达氏鲌

Culter dabryi（Bleeker, 1871）

活体照

俗　名：青梢

分类地位：鲤形目 Cypriniformes、鲤科 Cyprinidae、鲌属 *Culter*

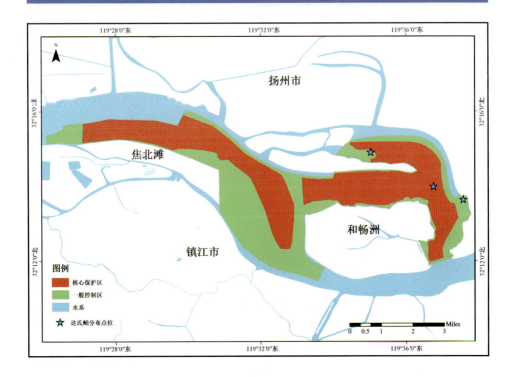

形态特征

体长而侧扁，腹棱为半棱。头后背部隆起明显，头较大，侧扁。吻较长，口近上位，斜裂。眼大，侧上位，位于头的前半部。背鳍具大而光滑的硬刺，起点位于腹鳍之后，距吻端较距尾鳍基近。胸鳍后伸接近或达腹鳍起点。腹鳍起点约位于胸鳍起点至肛门间的中点，后伸不达臀鳍起点。臀鳍末根不分支鳍条末端柔软分节，鳍基较长，起点距腹鳍较距尾鳍基近。尾鳍深叉形。体灰白色，背部色较暗，腹部银白色，各鳍青灰色。

| 头部 | 头部腹面 | 尾部 |

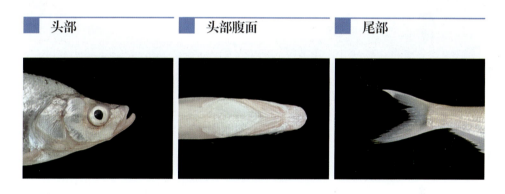

食性特征

肉食性鱼类，幼鱼主要摄食浮游生物，成鱼主要摄食虾、小型鱼类。

繁殖习性

繁殖期4—7月，分批产卵，产黏性卵，受精卵附着于水草上孵化。

调查成果

共采集4尾，全长范围为193~356 mm，体长范围为150~309 mm，体重范围为39.1~372.5 g。

蒙古鲌

Culter mongolicus（Basilewsky, 1855）

活 体 照

俗　　名： 红梢子、红尾子

分类地位： 鲤形目 Cypriniformes、鲤科 Cyprinidae、鲌属 *Culter*

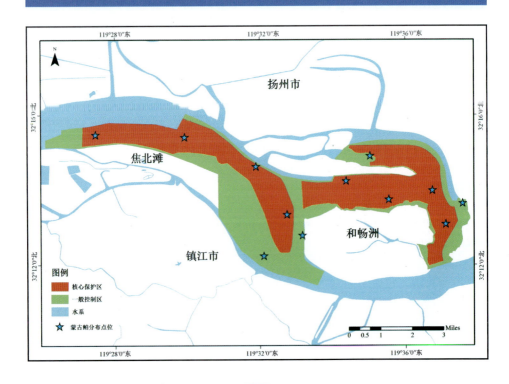

形态特征

体长而侧扁，腹棱为半棱。头后背部微隆起，头较尖，侧扁，头背部略倾斜。吻尖，吻长大于眼径。口端位，口裂斜。眼较小，位于头的前半部，眼后缘距吻端小于眼后头长。背鳍具光滑硬刺，起点与腹鳍起点相对或稍前，距吻端较距尾鳍基略近。胸鳍后伸不达腹鳍起点。腹鳍后伸不达臀鳍起点。肛门靠近臀鳍起点。臀鳍末根不分支鳍条末端柔软分节，鳍基较长，起点距腹鳍起点较距尾鳍基近。尾鳍叉形。体背灰黑色带黄色，腹部银白色。背鳍灰色，胸鳍、腹鳍、臀鳍均为黄色带微红色。尾鳍上叶淡黄色，下叶鲜红色。

| 头部 | 头部腹面 | 尾部 |

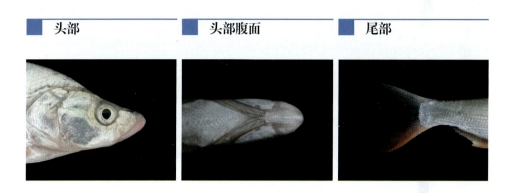

食性特征

肉食性鱼类，幼鱼主要摄食枝角类和桡足类，成鱼主要摄食鱼虾。

繁殖习性

2龄性成熟，繁殖期5—7月，产黏性卵，卵淡黄色。

调查成果

共采集45尾，全长范围为67~507 mm，体长范围为51~433 mm，体重范围为5.1~848.5 g。

拟尖头鲌　　*Culter oxycephaloides*（Kreyenberg *et* Pappenheim, 1908）

活 体 照

俗　　名：尖头红梢、鸭嘴红梢

分类地位：鲤形目 Cypriniformes、鲤科 Cyprinidae、鲌属 *Culter*

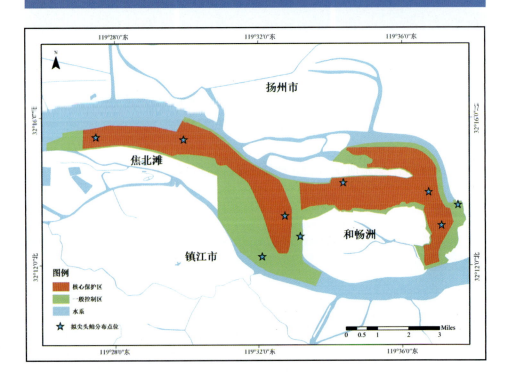

形态特征

体长而侧扁，腹棱为半棱。头后背部显著隆起，头小而尖，背部较平直。吻较长，口近上位，斜裂。眼大，位于头的前半部，侧上位。背鳍具大而光滑的硬刺，起点位于腹鳍之后，距吻端较距尾鳍基略近。胸鳍后伸不达腹鳍起点，腹鳍后伸不达臀鳍起点。肛门紧靠臀鳍起点。臀鳍起点位于背鳍起点后下，外缘浅凹，起点距腹鳍起点较距尾鳍基近。尾鳍深叉形，后伸达尾鳍基。体背和侧上部青灰色，下侧和腹部银白色，背鳍青灰色带黄色，胸鳍、腹鳍、臀鳍浅黄色，尾鳍橘红色。

头部	头部腹面	尾部

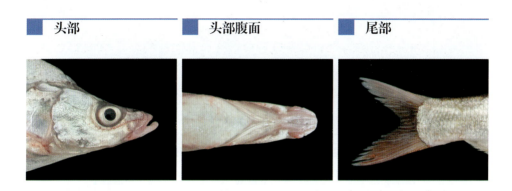

食性特征

肉食性鱼类，幼鱼主要摄食浮游植物、水生昆虫，成鱼主要摄食小型鱼类及虾蟹类。

繁殖习性

2龄性成熟，繁殖期5—7月，分批产卵，产漂流性卵。

调查成果

共采集25尾，全长范围为89~309 mm，体长范围为67~253 mm，体重范围为3.8~199.4 g。

翘嘴鲌　　　　　　　　　　*Culter alburnus*（Basilewsky, 1855）

活 体 照

俗　　名：翘鲌子、翘嘴巴

分类地位：鲤形目 Cypriniformes、鲤科 Cyprinidae、鲌属 *Culter*

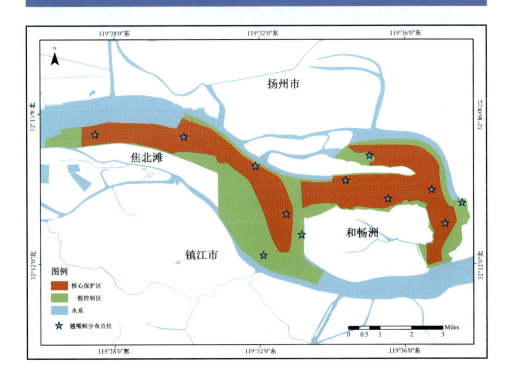

形态特征

　　体长而侧扁，背部平直，腹棱为半棱。头后背部稍隆起，头较大。口上位，口裂与体纵轴垂直，上颌短，下颌厚，向上翘。眼大而侧位，位于头的前半部。背鳍具大而光滑的硬刺，起点位于腹鳍起点之后，距吻端较距尾鳍基近。肛门靠近臀鳍起点。臀鳍较长，末根不分支鳍条柔软分节，起点距腹鳍较距尾鳍基近。尾鳍叉形。背部和体侧上部青灰黄色，体侧下部和腹部银白色，各鳍灰色，尾鳍青灰色。

头部	头部腹面	尾部

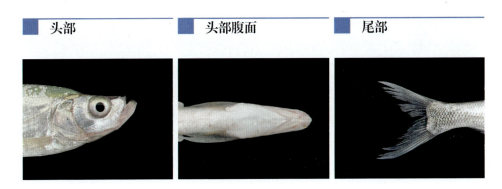

食性特征

　　肉食性鱼类，幼鱼主要摄食水生昆虫、虾、枝角类、桡足类及软体动物，成鱼主要摄食鱼类。

繁殖习性

　　3~4 龄性成熟，繁殖期 4—6 月，产黏性卵，卵呈圆球形，青灰色。

调查成果

　　共采集 45 尾，全长范围为 48~592 mm，体长范围为 37~485 mm，体重范围为 0.7~1166.0 g。

红鳍原鲌　　Cultrichthys erythropterus（Basilewsky，1855）

活体照

韩骁摄

俗　　名：红梢子

分类地位：鲤形目 Cypriniformes、鲤科 Cyprinidae、原鲌属 Cultrichthys

形态特征

体长而侧扁。头中大。吻短钝，吻长小于或约等于眼径。口上位，口裂近垂直，下颌突出上翘。无须。眼大，侧上位，位于头侧的前半部。眼间隔较宽，眼间距大于眼径。侧线完全，在胸鳍起点上方略下弯，后部平直，伸至尾柄中央。背鳍不分支鳍条为硬刺，大而光滑，起点位于腹鳍起点之后。胸鳍后伸达或接近腹鳍起点，腹棱为全棱，自胸鳍基部中后方至肛门前。腹鳍后伸不达臀鳍起点。臀鳍末根不分支鳍条末端柔软分节，起点距腹鳍起点较距尾鳍基近。尾鳍深分叉，下叶长于上叶。体背侧青灰色带黄绿色，腹部银白色，尾鳍下叶和臀鳍橘红色。

头部	头部腹面	尾部

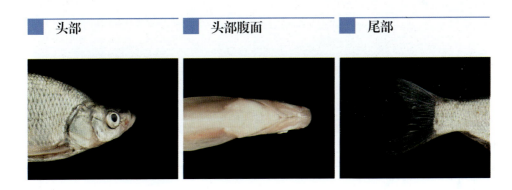

食性特征

肉食性鱼类，主要摄食虾、小鱼和水生昆虫，以浮游动物及水生植物等为辅。

繁殖习性

1 龄性成熟，繁殖期 5—7 月，产黏性卵。

调查成果

在保护区水域有历史分布。

贝氏䱗

Hemiculter bleekeri（Warpachowski，1887）

标 本 照

俗　　名：油䱗

分类地位：鲤形目 Cypriniformes、鲤科 Cyprinidae、䱗属 *Hemiculter*

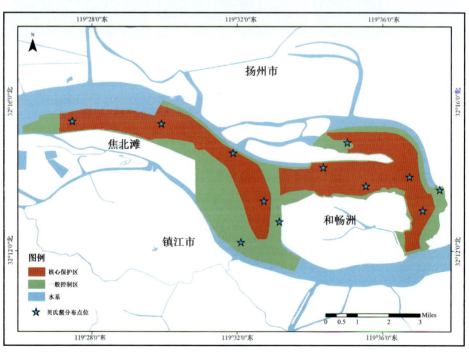

形态特征

体长而侧扁，腹棱为全棱。头稍尖，头长小于体高。吻短，吻长远小于眼后头长。眼大，眼径稍大于吻长，眼间隔隆起呈弧形，眼间距大于眼径。侧线鳞 48 以上，侧线完全，在胸鳍上方缓和向下弯曲，之后与腹部轮廓平行，至尾鳍基部末端折入尾柄正中，下弯部分明显上凸。背鳍末根不分支鳍条为光滑硬刺，刺长短于头长。胸鳍后伸不达腹鳍起点。腹鳍起点稍前于背鳍起点。肛门紧靠臀鳍起点。臀鳍起点位于背鳍基后下方。背侧灰绿色带黄色，腹部银白色，各鳍灰白色。

头部	头部腹面	尾部

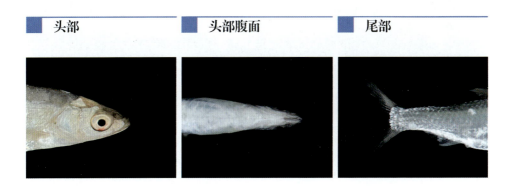

食性特征

杂食性鱼类，主要摄食水生昆虫幼虫，以高等植物碎片、枝角类、桡足类及浮游植物为辅。

繁殖习性

1 龄性成熟，繁殖期 4—6 月，产漂流性卵。

调查成果

共采集 452 尾，全长范围为 58~170 mm，体长范围为 41~142 mm，体重范围为 1.1~45.0 g。

鳘

Hemiculter leucisculus（Basilewsky，1855）

活体照

韩 骁 摄

俗　　名：白条、游刁子、鳘鲦

分类地位：鲤形目 Cypriniformes、鲤科 Cyprinidae、鳘属 *Hemiculter*

形态特征

体长而侧扁，腹棱为全棱。头稍尖，吻长稍大于眼径。口端位，口裂末端达鼻孔后缘下方。 眼间隔微隆，眼间距大于眼径。侧线鳞48以下，侧线在胸鳍上方急剧下弯，至胸鳍末端与腹部平行，终于尾柄正中。背鳍位于腹鳍之后，背鳍末根不分支鳍条为光滑硬刺，刺长短于头长。腹鳍后伸不达肛门，肛门紧靠臀鳍起点。体背部青灰色，腹侧银色，尾鳍边缘灰黑色。

头部	头部腹面	尾部

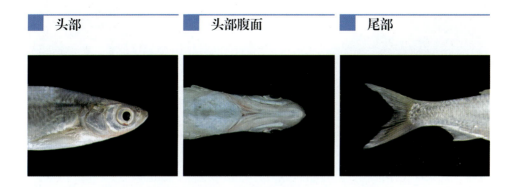

食性特征

杂食性鱼类，幼鱼主要摄食枝角类、桡足类和水生昆虫，成鱼主要摄食藻类、高等植物碎片和虾蟹类。

繁殖习性

1龄性成熟，繁殖期4—6月，分批产卵，产黏性卵。

调查成果

共采集1尾，全长为110 mm，体长为93 mm，体重为7.7 g。

鲂

Megalobrama skolkovii（Dybowsky,1872）

活 体 照

俗　　名：乌鲂、三角鳊

分类地位：鲤形目 Cypriniformes、鲤科 Cyprinidae、鲂属 *Megalobrama*

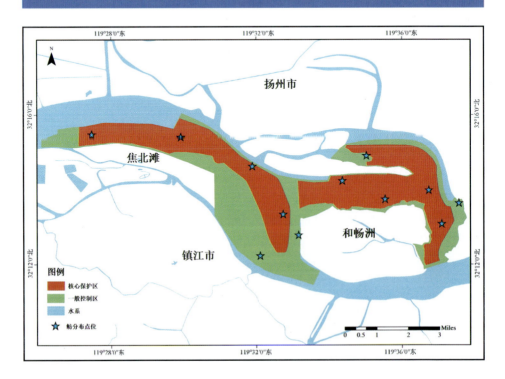

形态特征

体高而侧扁，菱形，背缘较窄，腹棱不完全。头小而侧扁，头长小于体高。吻短，吻长稍大于眼径。口较小，口裂斜形。眼侧位，眼后头长小于眼后缘至吻端距离，眼间隔宽而圆突，眼间距大于眼径，为眼径的 1.4~1.9 倍。口端位，体长为体高的 3 倍以下。背鳍起点位于腹鳍起点后上方，外缘斜直，上角尖形，末根不分支鳍条为硬刺，粗壮而长，刺长大于头长；起点距吻端小于或约等于距尾鳍基。胸鳍尖形，后伸达或不达腹鳍起点。腹鳍位于背鳍起点前下方，其长短于胸鳍，后伸不达肛门。臀鳍长，外缘凹入，起点与背鳍基末相对。尾鳍深叉形，下叶稍长于上叶，末端尖形。体灰黑色，腹侧银灰色，体侧鳞中间浅色、边缘灰黑色，各鳍灰黑色。

| 头部 | 头部腹面 | 尾部 |

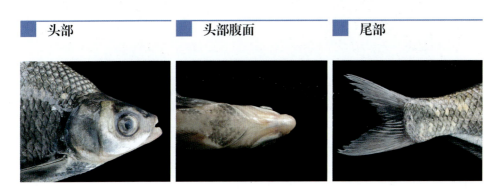

食性特征

杂食性鱼类，幼鱼主要摄食浮游动物，成鱼主要摄食水生植物和淡水壳菜、小虾等。

繁殖习性

3 龄性成熟，繁殖期 4—6 月，盛产期 5 月，产沉性卵，卵呈圆球形，浅绿色。

调查成果

共采集 185 尾，全长范围为 36~554 mm，体长范围为 28~459 mm，体重范围为 0.5~2256.4 g。

团头鲂　　　　　　　*Megalobrama amblycephala*（Yih，1955）

活 体 照

俗　　名： 草鳊、武昌鱼
分类地位： 鲤形目 Cypriniformes、鲤科 Cyprinidae、鲂属 *Megalobrama*

图例

- 核心保护区
- 一般控制区
- 水系
- ☆ 团头鲂分布点位

扬州市

焦北滩

镇江市

和畅洲

形态特征

体高而侧扁，背部隆起很高，腹棱为半棱。背鳍起点处为体最高处，腹部在腹鳍以前向上倾斜。头小，锥形。口小，端位。眼大，侧位，眼间隔隆起呈弧形。背鳍末根不分支，鳍条为硬刺，后缘光滑，刺长约等于或短于头长，起点位于腹鳍起点稍后，距尾鳍基较距吻端近。胸鳍后伸接近腹鳍起点。腹鳍后伸不达肛门。肛门紧靠腹鳍起点。臀鳍基较长，末根不分支鳍条末端柔软分节，鳍条前长后短，鳍缘整齐。尾鳍叉形，下叶稍长。背侧暗灰色，腹部灰白色，体侧鳞基部灰黑色，组成若干黑条纹，各鳍浅灰色。

头部	头部腹面	尾部

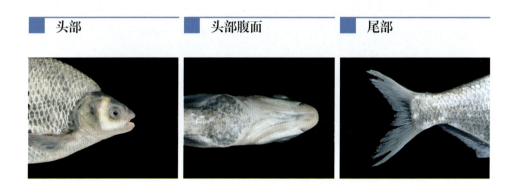

食性特征

幼鱼主要摄食枝角类、虾蟹类，成鱼摄食苦草、轮叶黑藻、穗状狐尾藻和马来眼子菜等水生植物。

繁殖习性

2龄性成熟，繁殖期5—6月，产黏性卵。繁殖期雄鱼眼眶、头顶部、尾柄部的鳞片和胸鳍前数根鳍条背部出现密集珠星，背部亦有珠星，雌鱼珠星不如雄鱼密集。

调查成果

共采集4尾，全长范围为430~510 mm，体长范围为374~410 mm，体重范围为1287.3~1539.5 g。

寡鳞飘鱼　　　　　　　*Pseudolaubuca engraulis*（Nichols，1925）

活体照

韩骁 摄

俗　　名：飘鱼、游刁子

分类地位：鲤形目 Cypriniformes 、鲤科 Cyprinidae、飘鱼属 *Pseudolaubuca*

形态特征

体长、侧扁，背部较厚，腹部弧形，腹棱为全棱。头中大，侧扁。吻稍尖。口端位，斜裂。眼中大，眼后缘至吻端的距离大于眼后头长。侧线完全，在胸鳍上方平缓下弯，沿腹部后行，最终伸达尾柄正中央。背鳍位于腹鳍的后上方，末根不分支鳍条末端柔软分节。胸鳍侧下位，后伸不达腹鳍起点。腹鳍短于胸鳍，末端不伸达肛门。臀鳍较短，起点位于背鳍基后下方。尾鳍深分叉，下叶长于上叶。体银白色，背部浅灰色，尾鳍边缘透明。

头部	头部腹面	尾部

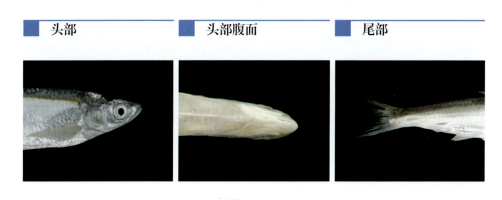

食性特征

主要摄食水生昆虫、虾蟹类及植物碎屑。

繁殖习性

繁殖期5—6月，产漂流性卵。

调查成果

在保护区水域有历史分布。

飘　鱼　　　　　　　　*Pseudolaubuca sinensis*（Bleeker，1865）

活体照

俗　　名：薄鳛

分类地位：鲤形目 Cypriniformes、鲤科 Cyprinidae、飘鱼属 *Pseudolaubuca*

形态特征

体长，侧扁，背部平直，腹棱为全棱。头小，侧扁，头长小于体高。吻尖短，吻长大于眼径。口端位，斜裂。眼中大，侧中位。体被小圆鳞，鳞薄而易脱落。侧线完全，在胸鳍上方急剧向下弯折成明显角度。背鳍短，无硬刺，位于体之后半部，起点距吻端较距尾鳍基远。臀鳍基部较长，起点与背鳍基末端大致相对，距腹鳍基较距尾鳍基近。胸鳍侧下位，末端远不达腹鳍，胸鳍基部内侧具一发达的肉质瓣，其长大于眼径。腹鳍小，位于背鳍前下方，起点至臀鳍起点较至胸鳍基近，末端不伸达肛门。尾鳍深叉形，末端尖形，下叶略长于上叶。体背部黄褐色，腹侧银白色，各鳍灰色。

| 头部 | 头部腹面 | 尾部 |

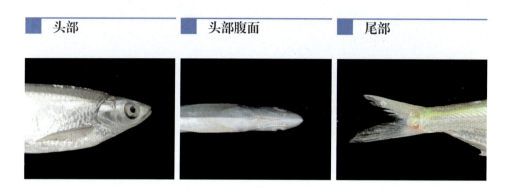

食性特征

杂食性鱼类，主要摄食幼鱼和水生昆虫、小虾、浮游动物、植物碎屑及藻类。

繁殖习性

繁殖期5—7月，产黏性卵。

调查成果

共采集2尾，全长范围为133~189 mm，体长范围为103~166 mm，体重范围为9.6~36.5 g。

似　鳟

Toxabramis swinhonis（Günther，1873）

活体照

俗　　名： 游刁子、薄鳌

分类地位： 鲤形目 Cypriniformes、鲤科 Cyprinidae、似鳟属 *Toxabramis*

形态特征

体长，侧扁。头短，较侧扁，头长小于体高，腹棱为全棱。吻短，吻长小于眼径。口端位，斜裂，上下颌约等长，无须。眼中大，位于头侧前半段。侧线完全，于胸鳍上方急剧下弯，具明显角度，从胸鳍末端向后与腹缘平行，后延伸至尾柄正中。背鳍末根不分支鳍条为硬刺，后缘具锯齿，刺长稍短于头长。胸鳍末端尖，后伸至接近腹鳍起点。腹鳍位于背鳍起点前的下方，后伸不达肛门。尾鳍深分叉，末端尖形，下叶长于上叶。

| 头部 | 头部腹面 | 尾部 |

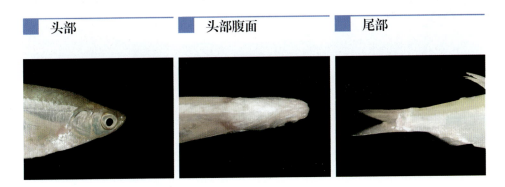

食性特征

主要摄食枝角类、藻类及昆虫幼虫。

繁殖习性

1 龄性成熟，繁殖期 6—7 月，产漂流性卵。

调查成果

在保护区水域有历史分布。

似 鳊

Pseudobrama simoni（Bleeker，1864）

活体照

俗　　名：鳊鲴刁、逆鱼

分类地位：鲤形目 Cypriniformes、鲤科 Cyprinidae、似鳊属 *Pseudobrama*

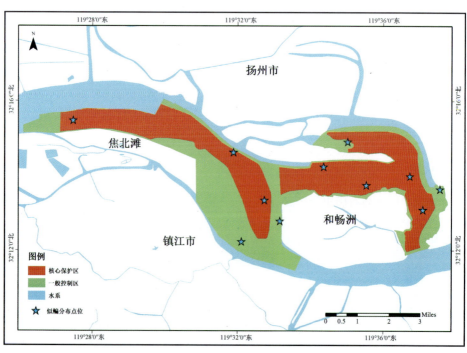

形态特征

体长而侧扁，背腹微隆，腹部自胸鳍基至腹鳍基稍圆，腹棱为半棱。头较小。吻钝，吻长约等于眼径。眼大，侧上位，靠近吻端，眼径约等于吻长。背鳍较长，外缘截形，末根不分支鳍条为硬刺，刺长约等于或稍大于头长，起点距吻端约等于或小于距尾鳍基。胸鳍后伸不达腹鳍起点。腹鳍起点位于背鳍起点之前，后伸可达腹鳍起点至臀鳍起点间的中点。尾鳍叉形，下叶稍长于上叶。体背灰褐色，腹部银白色，背鳍、尾鳍浅灰色，腹鳍基浅黄色。

头部	头部腹面	尾部

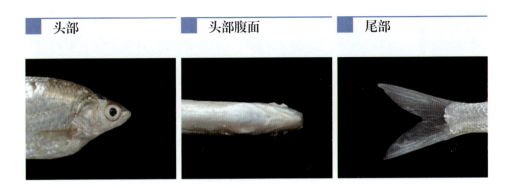

食性特征

杂食性鱼类，主要摄食着生藻类，以植物碎屑和少量轮虫、枝角类、桡足类为辅。

繁殖习性

1 龄性成熟，繁殖期 5—6 月，产漂流性卵，成熟卵呈灰白色。成熟雄鱼吻部出现珠星。

调查成果

共采集 115 尾，全长范围为 70~394 mm，体长范围为 54~327 mm，体重范围为 2.3~432.3 g。

银 鮈

Xenocypris argentea（Günther, 1868）

活体照

俗　　名：刁子

分类地位：鲤形目 Cypriniformes、鲤科 Cyprinidae、鮈属 *Xenocypris*

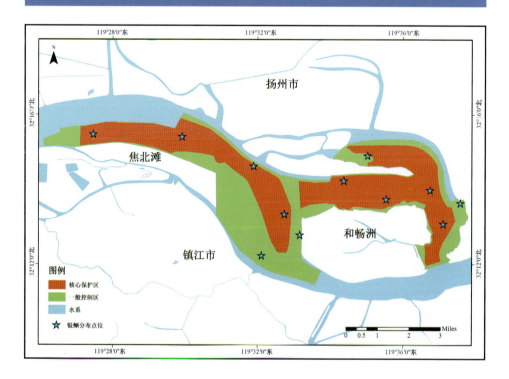

图例

■ 核心保护区
■ 一般控制区
■ 水系
★ 银鮈分布点位

形态特征

　　体侧扁，腹部圆，无腹棱或在肛门前有不明显的短腹棱。头小而尖，吻圆钝，吻长稍大于眼径。眼中大，侧上位，距吻端较近，眼后头长大于吻长，眼间隔凸起，眼间距略大于吻长，小于眼后头长。背鳍起点约与腹鳍起点相对或稍前，具1对光滑硬刺，末端柔软分节，后缘光滑。胸鳍侧下位，后伸不达腹鳍，腹鳍起点约位于胸鳍起点至臀鳍起点的中点，末端不达肛门。臀鳍中长，起点距尾鳍基较距腹鳍起点近，其末端不达尾鳍基部。尾鳍分叉，肛门紧靠臀鳍。体背部灰黑色或青灰色，体侧下半部及腹部银白色，鳃盖膜后缘有橘黄色斑。胸、腹、臀鳍基部呈橘黄色，背鳍、尾鳍灰色。

| 头部 | 头部腹面 | 尾部 |

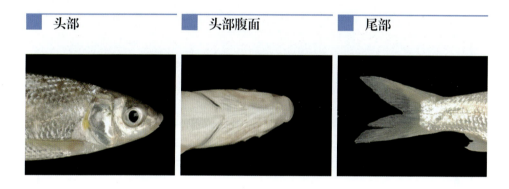

食性特征

　　主要摄食着生藻类硅藻、丝状藻，以高等植物的有机碎屑、轮虫等浮游动物和腐殖质等为辅。

繁殖习性

　　2龄性成熟，繁殖期5—6月，分批产卵，产黏性卵。

调查成果

　　共采集125尾，全长范围为79~318 mm，体长范围为65~264 mm，体重范围为3.6~359.1 g。

黄尾鲴

Xenocypris davidi（Bleeker，1871）

活体照

俗　　名：黄板刁、黄尾刁、黄姑子

分类地位：鲤形目 Cypriniformes、鲤科 Cyprinidae、鲴属 *Xenocypris*

形态特征

体长而稍侧扁，体较高且厚，体长不足体高的 3.7 倍，腹部圆，肛门前具小段不甚明显的腹棱。头小而尖，吻短圆突，吻长小于眼后头长。眼较大，位于头部侧上位。背鳍末根不分支鳍条为硬刺，起点距吻端较距尾鳍基稍近。胸鳍后伸不达腹鳍起点。腹鳍起点位于背鳍起点下方稍后。肛门靠近臀鳍起点，尾鳍叉形。背侧灰色，腹部白色，鳃盖骨的后缘有一浅黄色斑块，尾鳍黄色，腹膜黑色。

| 头部 | 头部腹面 | 尾部 |

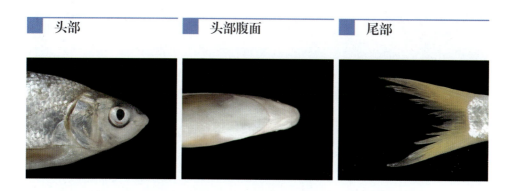

食性特征

主要摄食水生高等植物的碎片及藻类，以虾蟹类和水生昆虫等为辅。

繁殖习性

2 龄性成熟，繁殖期 4—6 月，在河滩急流处产卵，产漂流性卵。繁殖期成熟雄鱼头部、鳃盖、胸鳍等处出现珠星。

调查成果

共采集 4 尾，全长范围为 224~346 mm，体长范围为 186~282 mm，体重范围为 111.3~500.5 g。

细鳞鲴

Xenocypris microlepis（Bleeker，1871）

活 体 照

俗　　名： 黄板刁、沙姑子

分类地位： 鲤形目 Cypriniformes、鲤科 Cyprinidae、鲴属 *Xenocypris*

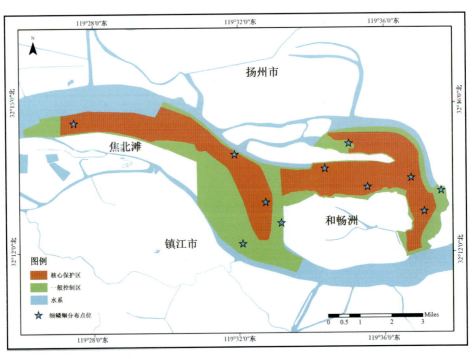

形态特征

体延长，侧扁，腹部在腹鳍前较圆，腹鳍起点至肛门间的后 3/4 以上具明显腹棱，侧线鳞多于 70。头小，锥形，吻圆突，吻皮向下延伸至口前部，边缘光滑，吻长远小于眼后头长。眼大，侧位，眼间隔宽平。背鳍末根不分支鳍条为硬刺，后缘光滑，末端柔软分节，刺长稍大于头长，起点距吻端较距尾鳍基近或约相等。胸鳍侧下位，后伸不达腹鳍起点。腹鳍起点与背鳍起点相对或稍后。肛门靠近臀鳍起点。臀鳍起点距尾鳍基较距腹鳍起点近。尾鳍深叉形。体背侧灰黑色，体侧银灰色带黄色，腹部银白色，背鳍浅灰色，尾鳍橘黄色，后缘黑色，其余各鳍均为淡黄色。

| 头部 | 头部腹面 | 尾部 |

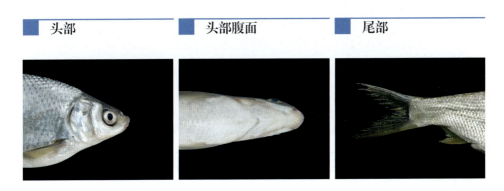

食性特征

主要摄食硅藻、绿藻、蓝藻，以高等植物碎屑、腐殖质和底栖动物为辅。

繁殖习性

2 龄性成熟，繁殖期 4—6 月，产黏性卵。成熟雄鱼颊部、眼眶、鳃盖骨、胸鳍及头顶出现白色珠星，雌鱼腹部膨大柔软。

调查成果

共采集 112 尾，全长范围为 61~594 mm，体长范围为 49~511 mm，体重范围为 2.4~1658.2 g。

鳙　　　　Aristichthys nobilis（Richardson，1844）

活体照

俗　　名： 花鲢、麻鲢、黑鲢、大头鲢、胖头鲢、胖头鱼

分类地位： 鲤形目 Cypriniformes、鲤科 Cyprinidae、鳙属 Aristichthys

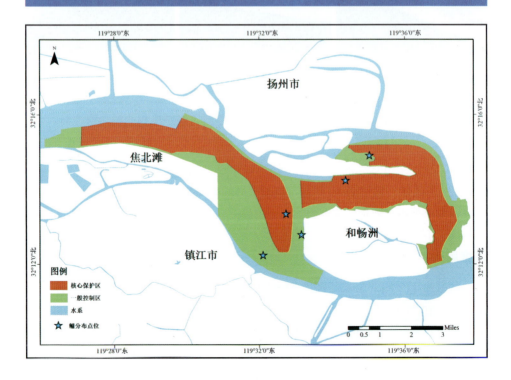

形态特征

体较高，侧扁，腹部胸鳍至腹鳍间较圆，腹棱为半棱。头大而圆胖，前部宽阔。吻短而宽。口大，端位，斜裂。眼小，侧下位，眼间隔宽阔。背鳍末根不分支鳍条柔软分节，起点位于腹鳍基中间上方，距吻端较距尾鳍基远。胸鳍侧下位，大而长，后伸超过腹鳍起点较远。腹鳍后伸不达臀鳍起点，腹鳍起点距胸鳍起点较距臀鳍起点近，后伸几达肛门。肛门紧靠臀鳍起点。臀鳍末根不分支鳍条柔软分节，鳍基较长。尾鳍深叉形。体背部及体侧上半部灰黑色，间具浅黄色，腹部银白色，体侧密布小黑点，各鳍青灰色。

头部	头部腹面	尾部

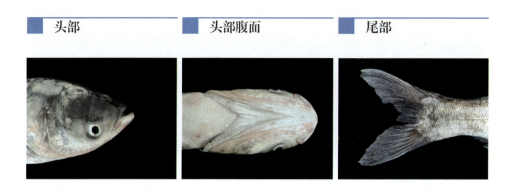

食性特征

滤食性鱼类，主要摄食浮游动物，以浮游植物为辅，摄食强度随季节不同而变化，每年4—10月摄食强度较大。

繁殖习性

4~5龄性成熟，繁殖期4—7月，产漂流性卵。产卵条件与鲢基本相同，繁殖行为"浮排"现象不如鲢明显。初次性成熟个体中雄鱼小于雌鱼。

调查成果

共采集16尾，全长范围为592~930 mm，体长范围为475~820 mm，体重范围为2598.7~9243.4 g。

鲢　　　　　Hypophthalmichthys molitrix（Valenciennes, 1844）

活体照

俗　　　名：鲢子、白鲢、边鱼

分类地位：鲤形目 Cypriniformes、鲤科 Cyprinidae、鲢属 Hypophthalmichthys

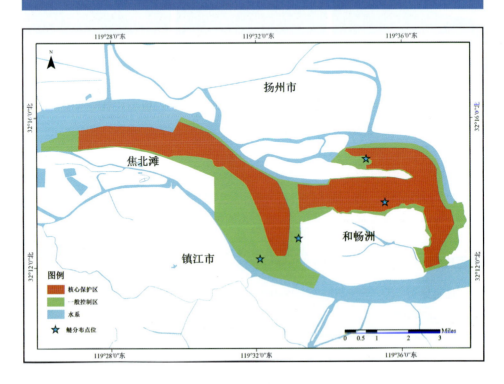

形态特征

体侧扁，腹棱为全棱。头中等大小，吻短钝，口大，端位，斜裂，眼较小，侧下位，鳃孔大。背鳍较小，末根不分支鳍条柔软分节，起点距吻端约等于距尾鳍基。胸鳍侧下位，末端尖，后伸不达或仅达腹鳍起点，起点位于背鳍起点稍前，距吻端较距尾鳍基近，后伸不达肛门。肛门紧靠臀鳍起点。臀鳍较长，末根不分支鳍条柔软分节。尾鳍深叉形。体背浅灰色略带黄色，体侧及腹部为银白色，各鳍浅灰色。

头部	头部腹面	尾部

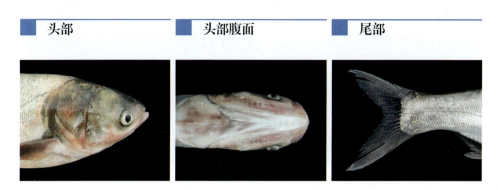

食性特征

滤食性鱼类，幼鱼主要摄食浮游动物，成鱼主要摄食浮游植物和植物腐屑，人工饲养条件下，亦摄食糠、豆饼及麦麸等。

繁殖习性

4 龄性成熟，繁殖期 4—6 月，产漂流性卵。

调查成果

共采集 14 尾，全长范围为 274~765 mm，体长范围为 225~595 mm，体重范围为 177.4~4987.5 g。

棒花鱼

Abbottina rivularis（Basilewsky，1855）

活 体 照

俗　　名：花鱼

分类地位：鲤形目 Cypriniformes、鲤科 Cyprinidae、棒花鱼属 *Abbottina*

形态特征

体延长，前部近圆筒形，后部稍侧扁，头后背部略隆起，腹部圆，无腹棱。头中大，头长大于体高。吻较长，圆钝。口下位，马蹄形，口裂不达眼前缘下方。上下唇光滑，无明显乳突。眼较小，侧上位，眼间隔较平。背鳍末根不分支鳍条柔软分节，起点距吻端小于或约等于距尾鳍基。胸鳍后伸不达腹鳍起点。腹鳍后伸超过肛门。肛门距臀鳍起点大于距腹鳍基。臀鳍分支鳍条5根。尾鳍分叉。体灰褐色，腹部浅黄色，体侧具不明显斑点。

| 头部 | 头部腹面 | 尾部 |

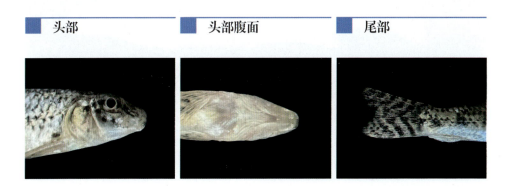

食性特征

主要摄食枝角类、桡足类和摇蚊幼虫，以水生昆虫、水生寡毛类和水生维管束植物为辅。

繁殖习性

1龄性成熟，繁殖期4—7月，产沉性卵。雄鱼有筑巢习性。

调查成果

在保护区水域有历史分布。

铜 鱼

Coreius heterodon（Bleeker，1865）

活 体 照

俗　　名：油麻子、牛毛鱼

分类地位：鲤形目 Cypriniformes、鲤科 Cyprinidae、铜鱼属 *Coreius*

形态特征

体长，前段较胖圆，后段稍侧扁。头小。吻尖突，吻长小于或约等于眼间距。口下位，马蹄形。唇厚，下唇两侧向前伸，唇后沟中断，间距窄。口角须1对，较长，后伸几达前鳃盖骨后缘下方或至胸鳍起点。眼小，眼间隔宽突。背鳍末根不分支鳍条柔软分节，其起点至吻端的距离短于该鳍条基部末端至尾鳍基部的距离。胸鳍侧下位，后伸不达腹鳍起点。腹鳍位于背鳍起点后，后伸不达肛门。臀鳍分叉。体背部黄铜色，腹部淡黄色，各鳍浅色，边缘浅黄色。

| 头部 | 头部腹面 | 尾部 |

食性特征

杂食性鱼类，主要摄食水生软体动物，以水生昆虫和高等植物碎屑为辅。

繁殖习性

3龄性成熟，繁殖期4—6月，产漂流性卵。

调查成果

在保护区水域有历史分布。

花 鳍

Hemibarbus maculatus（Bleeker，1871）

活体照

俗　　名： 麻花鳍、鸡哈、鸡花鱼、麻叉鱼、人眼鼓、吉勾鱼、季骨郎

分类地位： 鲤形目 Cypriniformes、鲤科 Cyprinidae、鳍属 *Hemibarbus*

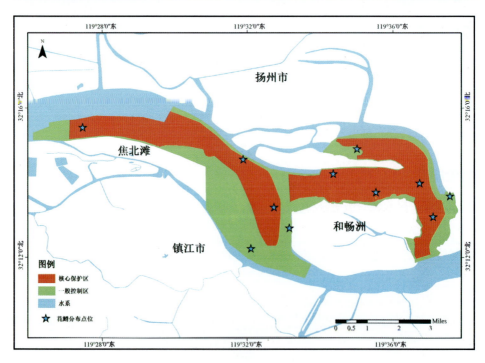

形态特征

体长而粗壮，稍侧扁。背鳍起点处最高，腹部圆，尾柄较短。头中等，头长小于体高。吻端突出，在鼻孔前下陷，吻长小于或约等于眼后头长。口下位，弧形。眼大，侧上位，眼间隔宽阔。背鳍起点距吻端较距尾鳍基近，末根不分支鳍条为粗壮硬刺，后缘光滑，刺长小于或约等于头长。胸鳍后伸不达腹鳍起点。腹鳍起点位于背鳍起点后下方。肛门紧靠臀鳍起点。臀鳍起点距腹鳍起点约等于距尾鳍基。尾鳍叉形。体灰褐色，腹部白色，侧线以上、背鳍和尾鳍上密布黑斑，具1排不规则的大黑斑沿侧线上方排列。

| 头部 | 头部腹面 | 尾部 |

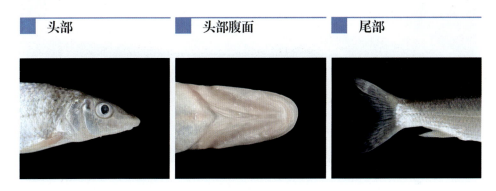

食性特征

肉食性鱼类，幼鱼主要摄食浮游动物，成鱼主要摄食水生昆虫，以螺蛳等软体动物及小型鱼虾为辅，产卵停食。

繁殖习性

3龄性成熟，繁殖期4—5月，产黏性卵。雄鱼吻部、眼前下方至颊部出现大量珠星，胸鳍、腹鳍、臀鳍亦有少量珠星；雌鱼无珠星。

调查成果

共采集53尾，全长范围为97~359 mm，体长范围为82~298 mm，体重范围为7.6~451.5 g。

似刺鳊鮈

Paracanthobrama guichenoti（Bleeker，1865）

活 体 照

俗　　名：岁红、金鳍鲤、鸡公鲤
分类地位：鲤形目 Cypriniformes、鲤科 Cyprinidae、似刺鳊鮈属 *Paracanthobrama*

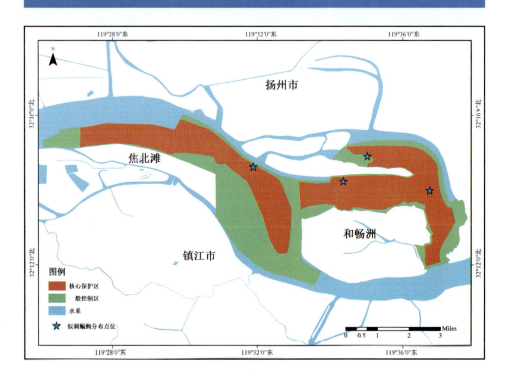

形态特征

    体长而侧扁，头后背部显著隆起，隆起程度随个体大小而异，一般个体越大，隆起越高。背鳍起点为体最高处，体高大于头长，头小而尖。吻端圆突，吻部在鼻孔前明显下倾，吻长小于眼后头长。眼侧上位，眼间隔较宽平。背鳍起点距吻端较距尾鳍基近，背鳍边缘呈内凹弧形，末根不分支鳍条为粗壮硬刺，刺长显著大于头长。胸鳍后伸不达腹鳍起点。腹鳍起点位于背鳍第3~4根分支鳍条的正下方，后伸接近肛门。肛门近臀鳍起点，臀鳍不达尾鳍基。尾鳍深叉形，较宽阔，上、下叶等长。体背部灰色，腹部灰白色，尾鳍鲜红色，其余各鳍浅灰色。

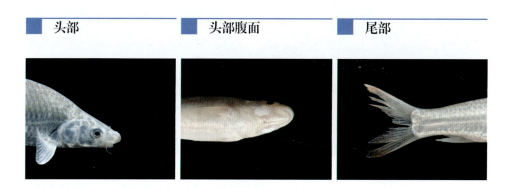

| 头部 | 头部腹面 | 尾部 |

食性特征

    主要摄食软体动物和水生昆虫。

繁殖习性

    1龄性成熟，繁殖期4—6月，一次性产卵，产沉性卵，成熟卵呈浅黄绿色。

调查成果

    共采集12尾，全长范围为111~276 mm，体长范围为92~216 mm，体重范围为14.2~207.0 g。

麦穗鱼　　　　*Pseudorasbora parva*（Temminck *et* Schlegel，1846）

活 体 照

俗　　名：麻嫩子、青皮嫩

分类地位：鲤形目 Cypriniformes、鲤科 Cyprinidae、麦穗鱼属 *Pseudorasbora*

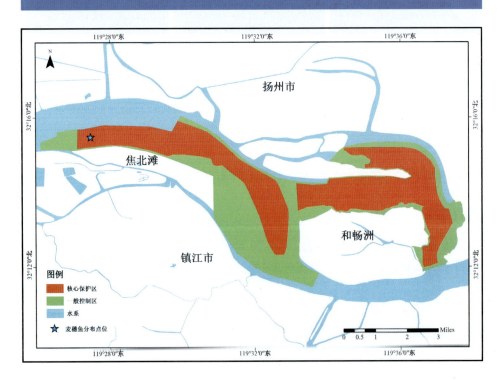

图例
- 核心保护区
- 般控制区
- 水系
- ★ 麦穗鱼分布点位

形态特征

体长，侧扁，腹部圆，尾柄较长。头小，稍尖，向吻部渐平扁。吻尖而突出，吻长大于眼径，小于眼后头长。口小，上位。眼较大，眼间隔宽平。侧线完全，较平直，向后伸达尾柄正中。背鳍起点距吻端约等于或小于距尾鳍基，末根不分支鳍条仅基部较硬，末端柔软。胸鳍后伸不达腹鳍起点。腹鳍起点与背鳍起点相对。肛门紧靠臀鳍起点。臀鳍起点距腹鳍基末较距尾鳍基近。尾鳍叉形。体背部青灰色，腹部灰白色，各鳍灰色。

头部	头部腹面	尾部

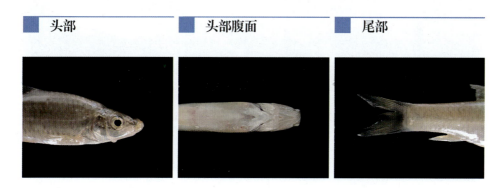

食性特征

杂食性鱼类，主要摄食水生昆虫、藻类等，繁殖期停食。

繁殖习性

1龄性成熟，繁殖期 4—5 月，分批产卵，产黏性卵，卵呈椭圆形，平扁，浅黄色，卵膜不透明。

调查成果

共采集 1 尾，全长为 49 mm，体长为 41 mm，体重为 4.4 g。

黑鳍鳈   *Sarcocheilichthys nigripinnis*（Günther，1873）

活体照

俗　　名：芝麻鱼、花腰、花玉穗

分类地位：鲤形目 Cypriniformes、鲤科 Cyprinidae、鳈属 *Sarcocheilichthys*

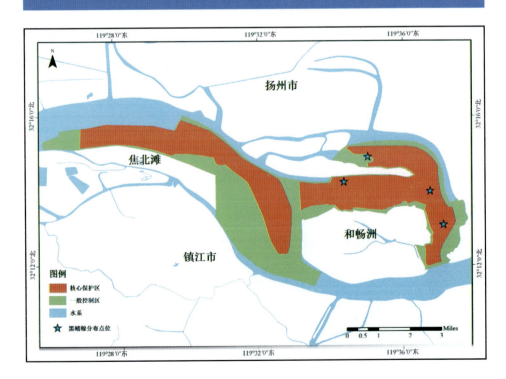

形态特征

体长而稍侧扁,腹部圆。头呈圆锥形,头长小于体高。吻较短,吻长稍大于眼径。口小,下位,弧形,口长小于或约等于口宽。眼侧上位,眼间隔宽阔,稍隆起。背鳍末根不分支鳍条柔软分节,距吻端近于距尾鳍基。胸鳍后伸不达腹鳍起点,腹鳍位于背鳍起点稍后,后伸达肛门。臀鳍起点距腹鳍起点约等于距尾鳍基。尾鳍叉形。体灰黑色,体侧具不规则黑色和白色斑纹,各鳍黑色。

头部	头部腹面	尾部

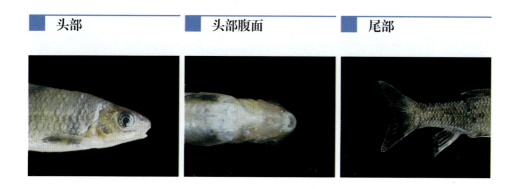

食性特征

主要摄食底栖无脊椎动物,以虾蟹类、贝类、藻类和植物碎屑为辅。

繁殖习性

2龄性成熟,繁殖期4—7月,产沉性卵。繁殖期雄鱼头部呈微橙红色,具粒状珠星。

调查成果

共采集7尾,全长范围为99~156 mm,体长范围为79~130 mm,体重范围为10.2~44.7 g。

华鳈

Sarcocheilichthys sinensis（Bleeker，1871）

活 体 照

俗　　名：花季郎、黄棕鱼
分类地位：鲤形目 Cypriniformes、鲤科 Cyprinidae、鳈属 *Sarcocheilichthys*

形态特征

体长而侧扁，后背隆起，腹部圆，无腹棱。头短小。吻圆钝，吻长大于眼径。口下位，马蹄形，口宽大于口长，口角须 1 对，有时消失。唇较厚，唇后沟中断，间隔较宽。眼侧上位，眼间隔较宽。侧线完全，平直。背鳍末根不分支鳍条仅基部较硬，末端柔软，起点距吻端近于距尾鳍基。胸鳍侧下位，后伸不达腹鳍起点。腹鳍位于背鳍起点的稍后方。臀鳍起点距腹鳍起点约等于距尾鳍基。尾鳍分叉。体灰黑色，腹部灰白色，体侧具 4 条宽阔黑色斑纹，各鳍灰黑色，边缘浅色。

头部	头部腹面	尾部

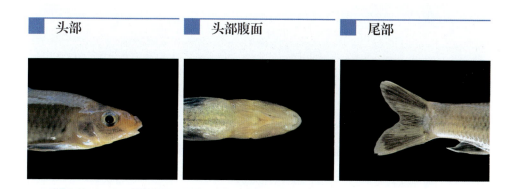

食性特征

主要摄食水生昆虫、无脊椎动物及植物碎片。

繁殖习性

1 龄性成熟，繁殖期 4—7 月，产漂流性卵。

调查成果

在保护区水域有历史分布。

蛇鮈   *Saurogobio dabryi*（Bleeker，1871）

活体照

俗　　名：船钉鱼

分类地位：鲤形目 Cypriniformes、鲤科 Cyprinidae、蛇鮈属 *Saurogobio*

图例
- 核心保护区
- 一般控制区
- 水系
- ★ 蛇鮈分布点位

形态特征

体长，略呈圆筒形，前段较粗，后段渐细。头呈锥形，前端钝尖。吻端圆突，吻长大于眼后头长，在鼻孔前下陷。口下位，马蹄形。眼大，侧上位，约位于头的中部，眼间隔浅凹，眼径大于眼间距。背鳍末根不分支鳍条柔软分节，起点距吻端小于其基末距尾鳍基，背鳍分支鳍条8根。胸鳍后伸不达腹鳍起点。腹鳍起点位于背鳍基末梢前，距胸鳍起点较距臀鳍起点显著为近，后伸远超过肛门。肛门靠近腹鳍基，远离臀鳍起点。臀鳍短，末根不分支鳍条柔软分节。尾鳍叉形。侧线完全，平直。背侧灰绿色，腹部银白色，体侧在侧线以上具1条黑色纵纹，其上具10余个深黑斑，背鳍、尾鳍浅灰色，腹面各鳍灰白色。

头部	头部腹面	尾部

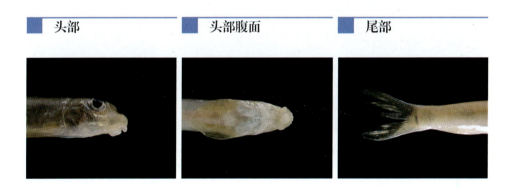

食性特征

杂食性鱼类，主要摄食摇蚊幼虫、桡足类、枝角类等底栖动物，以藻类和植物碎屑等为辅。

繁殖习性

1龄性成熟，繁殖期3—4月，产漂流性卵，卵呈圆形，篾黄色。繁殖期雌、雄亲鱼吻部均具珠星，雌鱼腹部特别膨大，雄鱼腹部不膨大。

调查成果

共采集654尾，全长范围为57~205 mm，体长范围为49~173 mm，体重范围为1.1~51.4 g。

长蛇鮈　　　　　　　　　　　　　*Saurogobio dumerili*（Bleeker，1871）

活体照

俗　　名：猪尾巴、麻条鱼、船钉子

分类地位：鲤形目 Cypriniformes、鲤科 Cyprinidae、蛇鮈属 *Saurogobio*

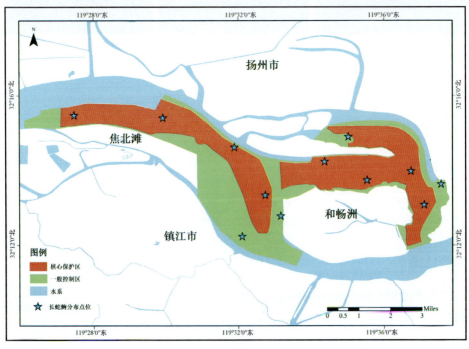

形态特征

体长，略呈长圆筒形，由前向后渐细，体长为头长的 5.5 倍以上。背鳍起点处稍隆起，头腹面及腹面平。头长，稍扁平，头长大于体高。吻尖，吻长一般小于眼后头长。眼较小，侧上位，眼径小于眼间距，眼间隔宽平。侧线鳞 55~61。背鳍末根不分支鳍条柔软分节，起点距吻端显著小于其基末距尾鳍基。胸鳍后伸不达腹鳍起点。腹鳍起点位于背鳍基中部的下方，后伸远超过肛门。肛门靠近腹鳍基，远离臀鳍起点。臀鳍短，起点距尾鳍基较距腹鳍起点近。尾鳍叉形。体侧纵轴以上青灰色，纵轴以下及腹部黄白色，各鳍基淡黄色，边缘灰白色，背部及体侧上方鳞片的基部均具 1 个圆形黑斑，前后排列成行。

| 头部 | 头部腹面 | 尾部 |

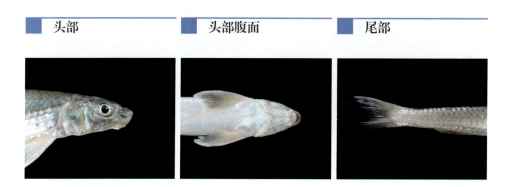

食性特征

主要摄食蚌、水生昆虫及幼虫等，以枝角类、藻类及植物碎屑等为辅。

繁殖习性

繁殖期 4—5 月，产漂流性卵。

调查成果

共采集 365 尾，全长范围为 86~370 mm，体长范围为 74~304 mm，体重范围为 4.0~373.7 g。

光唇蛇鮈　　*Saurogobio gymnocheilus*（Lo，Yao *et* Chen，1977）

活体照

俗　　名：钉公子、船钉子

分类地位：鲤形目 Cypriniformes、鲤科 Cyprinidae、蛇鮈属 *Saurogobio*

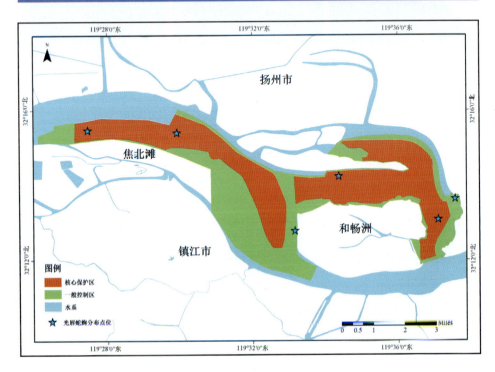

形态特征

体长，略呈圆棒形，前段较粗，后段较细，尾柄侧扁。头呈锥形，头顶稍平，头长一般大于体高；雌鱼在繁殖期头长小于体高。吻钝圆，在鼻孔前浅凹陷；吻长约等于眼后头长。口下位，半圆形。眼较大，眼间隔平，眼间距约等于眼径。侧线鳞42~45。背鳍末根不分支鳍条柔软分节，起点距吻端明显小于其基末距尾鳍基背鳍，分支鳍条7根。胸鳍后伸不达腹鳍起点，腹鳍起点位于背鳍基中后部的下方，起点距胸鳍起点较距臀鳍起点近或约相等，后伸远超过肛门。臀鳍短，起点距尾鳍基较距腹鳍起点近。肛门靠近腹鳍基，距臀鳍起点约为距腹鳍起点末的4~5倍。尾鳍叉形，下叶稍长。体浅灰色，腹部灰白色，体侧具数个黑斑沿侧线排列，背鳍、尾鳍灰色，腹部各鳍黄白色。

头部	头部腹面	尾部

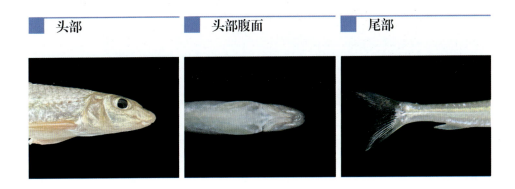

食性特征

主要摄食底栖无脊椎动物。

繁殖习性

繁殖期4—5月，产漂流性卵。

调查成果

共采集26尾，全长范围为56~110 mm，体长范围为46~90 mm，体重范围为1.6~10.5 g。

银　鮈　　　　　*Squalidus argentatus*（Sauvage *et* Dabry，1874）

活 体 照

俗　　名：硬刁棒、灯笼泡

分类地位：鲤形目 Cypriniformes、鲤科 Cyprinidae、银鮈属 *Squalidus*

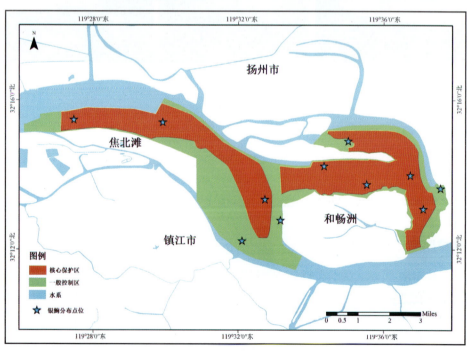

形态特征

体略侧扁，前段略呈圆筒形，腹部圆。头长小于或稍大于体高，吻稍尖，吻长稍短于眼后头长，口长约等于或大于口宽。眼大，侧上位，眼径约等于吻长，眼间隔平。背鳍末根不分支鳍条柔软分节，起点距吻端约等于其基末距尾鳍基。胸鳍后伸不达腹鳍起点。腹鳍起点位于背鳍起点稍后，后伸不达肛门。肛门约位于腹鳍起点与臀鳍起点间的后 1/3 处。臀鳍短，起点距腹鳍起点约等于距尾鳍基。尾鳍叉形。背部银灰色，腹部银白色，体侧中部具 1 条银灰色条纹，背鳍、尾鳍浅灰色，其余鳍灰白色。

| 头部 | 头部腹面 | 尾部 |

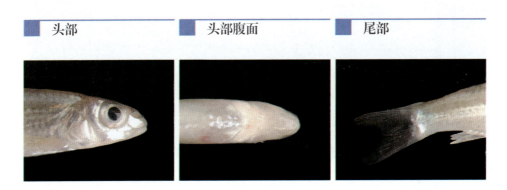

食性特征

主要摄食水生昆虫、环节动物、枝角类、桡足类，以藻类、腐殖质、高等水生植物等为辅。

繁殖习性

1 龄性成熟，繁殖期 5—8 月，一次性产卵，产漂流性卵，卵呈球形，浅黄褐色卵膜双层，吸水膨胀呈透明状，外膜略带黏性。

调查成果

共采集 173 尾，全长范围为 38~130 mm，体长范围为 32~109 mm，体重范围为 0.1~18.8 g。

点纹银鮈

Squalidus wolterstorffi（Regan，1908）

活 体 照

韩 骁 摄

俗　　名：嫩公子

分类地位：鲤形目 Cypriniformes、鲤科 Cyprinidae、银鮈属 *Squalidus*

形态特征

　　体延长，略侧扁，腹部圆，尾部高而侧扁，无腹棱。头中大，头长约等于或大于体高。吻短，吻长约等于或稍大于眼径。口亚下位，马蹄形，上颌略长于下颌，上下颌均无角质边缘。唇薄，下唇狭窄。口角须1对，须长约等于或稍大于眼径。侧线完全，较平直，侧线鳞33~35。背鳍末根不分支鳍条柔软分节，起点距吻端大于或约等于距尾鳍基。胸鳍后伸不达腹鳍起点。腹鳍起点位于背鳍起点稍后，后伸超过肛门。臀鳍起点距腹鳍起点约等于距尾鳍基。尾鳍分叉。体银灰色，侧线下方散布黑色点状斑纹，各鳍透明微带黄色。

头部	头部腹面	尾部

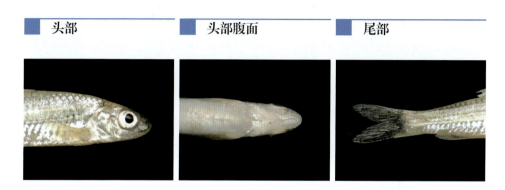

食性特征

　　主要摄食水生昆虫、部分藻类和植物碎屑。

繁殖习性

　　1龄性成熟，繁殖期4—5月，产黏性卵。

调查成果

　　在保护区水域有历史分布。

兴凯鱊

Acheilognathus chankaensis（Dybowski，1872）

活体照

韩晓摄

俗　　名：鳑鲏、苦皮子

分类地位：鲤形目 Cypriniformes、鲤科 Cyprinidae、鱊属 *Acheilognathus*

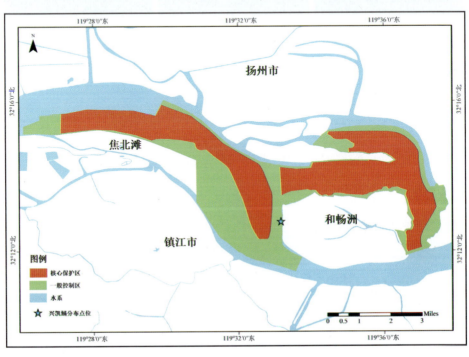

形态特征

体侧扁，似卵圆形。头小而尖。吻短钝，吻长小于或约等于眼径。口端位，口裂弧形，口角无须。眼大，侧上位，眼间隔宽平或微显弧形，眼径小于眼间距。背鳍末根不分支鳍条为硬刺，鳍基较长，起点距吻端约等于或小于距尾鳍基。胸鳍侧下位，后伸不达腹鳍起点。腹鳍起点稍前于背鳍起点。肛门约位于腹鳍起点至臀鳍起点的中间。臀鳍末根不分支鳍条亦为硬刺，臀鳍分支鳍条 9~11 根。尾鳍叉形。体背侧蓝绿色，腹部灰黄色，繁殖期雄鱼背部和臀鳍各具数条黑色斑纹，臀鳍边缘为黑色，尾鳍淡黄色，胸腹鳍黄白色。

| 头部 | 头部腹面 | 尾部 |

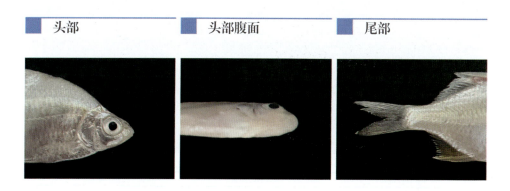

食性特征

主要摄食藻类和植物碎屑。

繁殖习性

1 龄性成熟，繁殖期 4—5 月，喜贝性产卵，卵呈椭圆形，黄色。雄鱼体色鲜艳，吻端具白色珠星，鳍条上斑纹更明显，雌鱼具一灰色产卵管。

调查成果

共采集 2 尾，全长范围为 56~63 mm，体长范围为 46~50 mm，体重范围为 4.3~4.4 g。

无须鱊

Acheilognathus gracilis（Nichols，1926）

活体照

韩骁摄

俗　　名： 鳑鲏、苦皮子

分类地位： 鲤形目 Cypriniformes、鲤科 Cyprinidae、鱊属 *Acheilognathus*

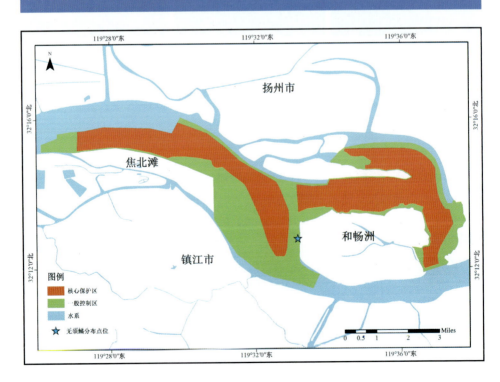

形态特征

体稍长，侧扁，纺锤形。头小，略尖。吻长大于眼径。口亚下位，弧形，口角无须。眼侧位，眼径小于眼间距。背鳍末根不分支鳍条为硬刺，起点距吻端与距尾鳍基约相等。腹鳍起点与背鳍起点相对。臀鳍起点位于背鳍基末下方，末根不分支鳍条为光滑硬刺，臀鳍分支鳍条 7 根以下，尾鳍叉形。背侧灰绿色，腹部灰白色微显红色，侧线起点处具 1 个彩色斑块，沿尾柄中线处具 1 条彩色斑纹，背鳍上具数条不连续的黑色斑纹。

| ■ 头部 | ■ 头部腹面 | ■ 尾部 |

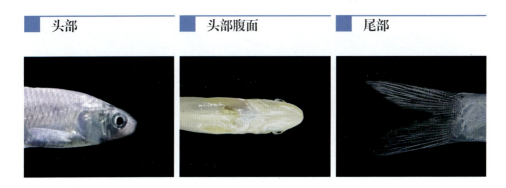

食性特征

主要摄食藻类和植物碎屑。

繁殖习性

繁殖期 4—6 月，喜贝性产卵，产卵于蚌内并于外套腔内发育至稚鱼阶段，趁蚌壳开合之际进入江湖水体。繁殖期雄鱼吻端出现珠星，臀鳍上具有 1 条带状彩纹，雌鱼产卵管较粗大。

调查成果

共采集 1 尾，全长为 61 mm，体长为 46 mm，体重为 2.1 g。

大鳍鱊

Acheilognathus macropterus（Bleeker，1871）

活 体 照

俗　　名：鳑鲏、大鳍刺鳑鲏
分类地位：鲤形目 Cypriniformes、鲤科 Cyprinidae、鱊属 *Acheilognathus*

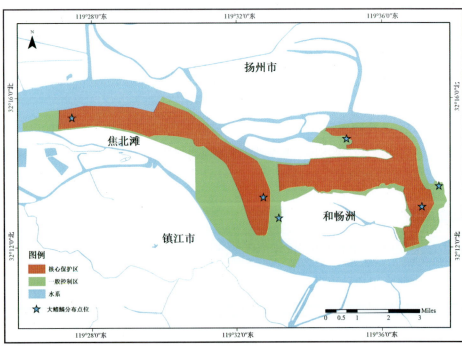

形态特征

体高而侧扁，卵圆形，背部明显隆起，无腹棱。头小而尖。吻短钝，吻长小于或约等于眼径。口小，亚端位，弧形，口裂浅。眼大，侧上位。眼间隔宽平。背鳍基较长，末根不分支鳍条为光滑硬刺，分支鳍条 8 根以上，起点距吻端约等于或稍大于距尾鳍基。胸鳍后伸不达腹鳍起点。腹鳍后伸不达或达臀鳍起点。肛门距腹鳍基末较距臀鳍起点稍近。臀鳍基长，末根不分支鳍条也为光滑硬刺。体银灰色，成鱼在鳃盖后第 4~5 枚侧线鳞上方具 1 个大黑斑，幼鱼背鳍前方具 1 个黑斑。背鳍灰色，具 3 列小黑点，其余各鳍灰色。

头部	头部腹面	尾部

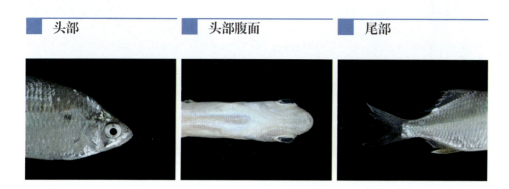

食性特征

植食性鱼类，主要摄食丝状藻、硅藻等藻类和苦藻、轮叶黑藻等植物，以枝角类和双翅目幼虫为辅。

繁殖习性

繁殖期 4—6 月，喜贝性产卵，卵呈椭圆形。繁殖期，雄鱼的吻端及眼眶上缘出现白色珠星，体色鲜艳；雌鱼将椭圆形黄色卵粒产于活的蚌壳中。

调查成果

共采集 13 尾，全长范围为 67~92 mm，体长范围为 54~72 mm，体重范围为 1.3~8.2 g。

彩副鱊　　　　　　　　*Paracheilognathus imberbis*（Günther，1868）

活体照

俗　　名：鳈鲏

分类地位：鲤形目 Cypriniformes、鲤科 Cyprinidae、副鱊属 *Paracheilognathus*

形态特征

体稍长，侧扁，呈长椭圆形。头小，头长大于头高。吻短，吻长短于眼径。口小，端位，口裂略斜。口角无须，或有短突状须。眼中大，侧上位，眼径小于眼间距。侧线完全，较平直，行至背鳍下方与体侧中部黑纵带并行。背鳍和臀鳍末根不分支鳍条较细，不骨化成硬刺。背鳍起点距吻端近于距尾鳍基，背鳍末端不伸达腹鳍起点。臀鳍起点相对于背鳍中点。尾鳍分叉。体侧具黑色纵带，背鳍下方有浅色斑块。

头部	头部腹面	尾部

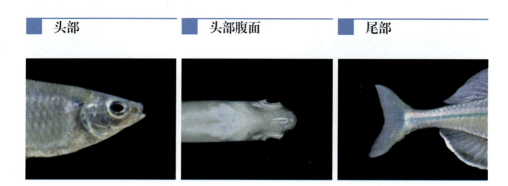

食性特征

主要摄食浮游动物。

繁殖习性

1龄性成熟，繁殖期4—6月，喜贝性产卵。

调查成果

在保护区水域有历史分布。

高体鳑鲏

Rhodeus ocellatus（Kner，1866）

活体照

韩骁 摄

俗　名：鳑鲏

分类地位：鲤形目 Cypriniformes、鲤科 Cyprinidae、鳑鲏属 *Rhodeus*

形态特征

体高而侧扁，背部隆起较高，腹部微突。头短小，三角形。吻短钝，吻长稍短于眼径。口小，端位，口角无须。眼中大，侧上位，眼径大于吻长，小于眼间距。体被较大圆鳞。侧线不完全，紧靠头部的5~6枚鳞片具有侧线管。背鳍起点距吻端约等于或稍小于距尾鳍基，末端不分支鳍条柔软分节。胸鳍后伸不达腹鳍起点。腹鳍起点约与背鳍起点相对，后伸达臀鳍起点。臀鳍起点位于背鳍基中间的下方。尾鳍叉形。体侧银灰色。腹侧银白色。雌鱼胸、腹部浅黄色，雄鱼胸、腹部红色。鳃盖后上方肩斑不明显，呈云斑状。

头部	头部腹面	尾部

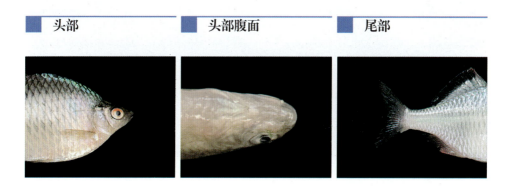

食性特征

主要摄食水生植物及枝角类、桡足类、水生昆虫幼虫等。

繁殖习性

1龄性成熟，繁殖期4—6月，喜贝性产卵。

调查成果

在保护区水域有历史分布。

中华鳑鲏

Rhodeus sinensis（Günther，1868）

活 体 照

韩 骁 摄

俗　　名：鳑鲏

分类地位：鲤形目 Cypriniformes、鲤科 Cyprinidae、鳑鲏属 *Rhodeus*

形态特征

体侧扁，长椭圆形。头小而尖。吻短钝，吻长小于眼径。口小，口角无须。眼中大，眼间隔弧形，眼间距约等于眼径。侧线不完全，紧靠头部的 4~6 枚鳞片具侧线管。背鳍和臀鳍末根不分支鳍条基部较硬，端部柔软，背鳍起点距吻端约等于距尾鳍基。胸鳍侧下位，末端伸达或几乎伸达腹鳍。腹鳍位于背鳍前下方，后端伸达臀鳍。尾鳍分叉。体侧银灰色。雌鱼胸、腹部浅黄色，雄鱼胸、腹部鲜黄色。鳃盖后上方肩斑明显，呈圆点状。尾鳍中部具 1 条暗色的纵纹。

头部	头部腹面	尾部

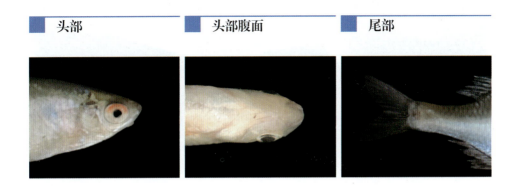

食性特征

杂食性鱼类，主要摄食轮虫及枝角类、桡足类、藻类和有机碎屑等。

繁殖习性

1 龄性成熟，繁殖期 4—6 月，喜贝性产卵。

调查成果

在保护区水域有历史分布。

鲫   *Carassius auratus*（Linnaeus，1758）

活体照

韩骁 摄

俗　　名：土鲫、鲫壳子、鲫拐子、喜头
分类地位：鲤形目 Cypriniformes、鲤科 Cyprinidae、鲫属 *Carassius*

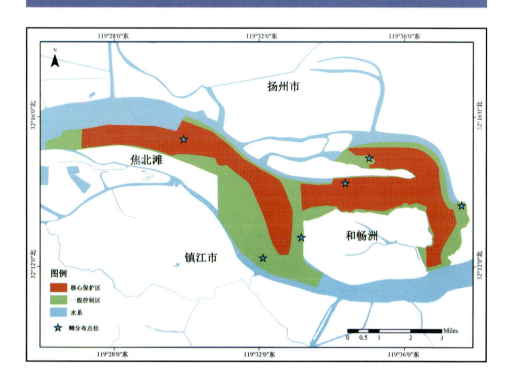

图例
- 核心保护区
- 一般控制区
- 水系
- ☆ 鲫分布点位

形态特征

体高而侧扁，腹部圆，无腹棱，体前段宽、后段狭。头较小而尖。吻圆钝，吻长为眼径的 1.2~1.6 倍。口端位，斜裂。眼较小，侧上位，眼间隔较宽。背鳍和臀鳍均具强大硬刺，后缘具锯齿，背鳍基长，鳍缘较平直。背鳍起点与腹鳍起点相对或稍后。胸鳍侧下位，后伸达腹鳍起点。腹鳍后伸不达肛门。肛门紧靠臀鳍起点。臀鳍基短。尾鳍叉形。体色随栖息地环境不同而有差异，背部深灰色，体侧和腹部为银白色略带黄色，各鳍浅灰色。

头部	头部腹面	尾部

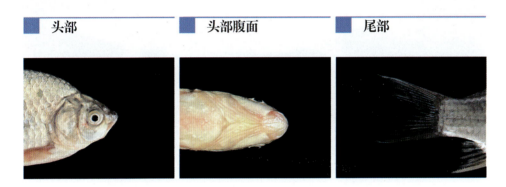

食性特征

杂食性鱼类，主要摄食水草、浮游生物、底栖动物。

繁殖习性

1 龄性成熟，繁殖期 3—7 月，分批产卵，产黏性卵，卵橙黄色，附着于水草和其他物体上孵化。静水中可产卵，但在自然条件下流水会刺激其产卵，繁殖能力强，能在各水域中繁殖。

调查成果

共采集 24 尾，全长范围为 56~320 mm，体长范围为 43~262 mm，体重范围为 2.1~712.2 g。

鲤   *Cyprinus carpio*（Linnaeus, 1758）

活 体 照

俗　　名：触拱子
分类地位：鲤形目 Cypriniformes、鲤科 Cyprinidae、鲤属 *Cyprinus*

形态特征

　　体延长，侧扁而高，背部隆起，腹部平，无腹棱，尾柄较长。头中等，头顶宽凸，吻较钝。口小，亚下位，斜裂，须2对。眼小，侧上位。眼间隔宽而稍凸。背鳍基长，末根不分支鳍条为强大硬刺，后缘具锯齿，起点距吻端较距尾鳍基近。胸鳍侧下位，后伸不达腹鳍起点。肛门紧靠臀鳍起点。臀鳍较小，末根不分支鳍条为强大硬刺，后缘具锯齿。尾鳍深叉形。体色随栖息环境不同而异，通常背部暗灰色，侧面金黄色，腹面浅灰色，背鳍和尾鳍基灰黑色，臀鳍和尾鳍下叶鲜红色，胸鳍、腹鳍橘黄色。

头部	头部腹面	尾部

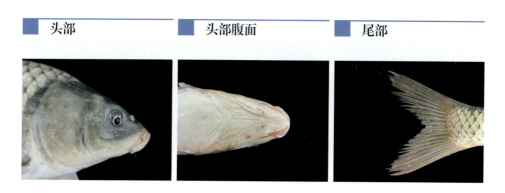

食性特征

　　杂食性鱼类，主要摄食软体动物、水生昆虫和水生高等植物。繁殖期停食，繁殖期后大量摄食。

繁殖习性

　　2龄性成熟，繁殖期4—6月，分批产卵，产黏性卵，卵橙黄色。繁殖期雄鱼胸鳍、腹鳍和鳃盖骨上具珠星，雌鱼珠星不明显。

调查成果

　　共采集10尾，全长范围为434~739 mm，体长范围为371~609 mm，体重范围为1018.0~5031.3 g。

紫薄鳅

Leptobotia taeniaps（Sauvage，1965）

活 体 照

俗　　名：紫沙鳅

分类地位：鲤形目 Cypriniformes、鳅科 Cobitidae、薄鳅属 *Leptobotia*

形态特征

体侧扁，背部稍隆起，腹部平直。头短小。吻长明显短于眼后头长。眼小，侧上位，眼间隔较宽，眼下刺不分叉。口下位，口裂深弧形。上下唇在口角相连，下唇在中央分开，唇后沟中断。须3对，2对吻须，1对颌须，均较短，外吻须后伸多达口角，颌须末端达眼前缘下方。背鳍末根鳍条柔软，长度约为头长的一半，背鳍起点位于体长中点略前。腹鳍起点与背鳍第2分支鳍条基部相对，后伸达或接近肛门。臀鳍后伸不达尾鳍基。尾鳍后缘深分叉，上、下叶等长，叶端尖。体紫色，头部及背侧具许多虫蚀状褐色斑纹。

头部	头部腹面	尾部

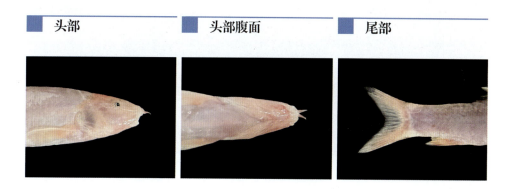

食性特征

杂食性鱼类，主要摄食小型鱼虾、底栖无脊椎动物及藻类。

繁殖习性

2龄性成熟，繁殖期4—7月，产漂流性卵，卵圆形，青灰色。

调查成果

在保护区水域有历史分布。

武昌副沙鳅

Parabotia banarescui（Nalbant，1965）

活体照

俗　　名：武昌沙鳅、武吕花鳅

分类地位：鲤形目 Cypriniformes、鳅科 Cobitidae、副沙鳅属 *Parabotia*

形态特征

体长，侧扁，背部在背鳍之前略隆。头侧扁。吻尖，吻长长于眼后头长。口下位，口裂深弧形。须 3 对，2 对吻须，外吻须长于内吻须，均较短，至多达口角；1 对颌须，后伸不达眼前缘。眼侧上位，眼下刺分叉。侧线完全，平直，延伸至尾鳍基部。背鳍末根不分支鳍条柔软，长度约为头长一半，起点位于体长之中点略前。胸鳍后伸不达腹鳍起点。腹鳍起点与背鳍第 2 根分支鳍条相对，腹鳍末端超过肛门。尾鳍后缘深分叉，上、下叶等长。背侧灰黄色，腹部及腹面各鳍基部黄白色，头部从吻端至眼具 4 条黑色纵纹，尾鳍基部中央有一显著黑色斑点。

头部　　尾部

食性特征

主要摄食水生昆虫和藻类。

繁殖习性

2 龄性成熟，繁殖期 6—8 月，产漂流性卵。

调查成果

在保护区水域有历史分布。

花斑副沙鳅

Parabotia fasciata（Guichenot，1872）

活 体 照

俗　　名：花沙鳅

分类地位：鲤形目 Cypriniformes、鳅科 Cobitidae、副沙鳅属 *Parabotia*

形态特征

体长，侧扁，背部在背鳍之前隆起。头侧扁。吻尖，吻长几乎与眼后头长相等。口下位，口裂深弧形。须3对，2对吻须，外吻须长于内吻须；1对颌须，后伸达眼前缘。眼侧上位，眼下刺分叉。侧线完全，平直，位于体侧中部。背鳍末根不分支鳍条柔软，起点接近体长之中点。胸鳍后伸不达腹鳍起点。腹鳍起点与背鳍第1根分支鳍条相对，腹鳍后伸不达肛门。臀鳍无硬刺，后伸达尾鳍基部。尾鳍后缘深分叉，上、下叶等长。体部灰褐色，眼间隔无纵纹，吻端至眼间有4条纵纹，尾鳍基部中央有一显著黑色斑点。

| 头部 | 头部腹面 | 尾部 |

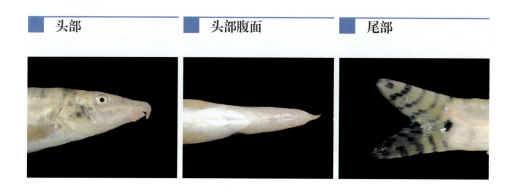

食性特征

主要摄食水生昆虫和藻类。

繁殖习性

2龄性成熟，繁殖期6—8月，产漂流性卵。

调查成果

在保护区水域有历史分布。

中华花鳅　　　　　　　　*Cobitis sinensis*（Sauvage *et* Dabry，1874）

活体照

俗　　名：花泥鳅

分类地位：鲤形目 Cypriniformes、鳅科 Cobitidae、花鳅属 *Cobitis*

形态特征

体长，侧扁，背部平直。头小，侧扁。吻长大于眼后头长。口小，上下唇在口角处相连，唇后沟中断。须3对，2对吻须，1对颌须，最长的颌须末端后伸仅达眼前缘的下方。眼小，侧上位，眼下刺分叉，较短。背鳍末根不分支鳍条柔软分节，背鳍起点约位于吻端与尾鳍基之间的中点。胸鳍短小，侧下位，后伸不达腹鳍起点。腹鳍起点在背鳍起点之后下方。臀鳍后伸不达尾鳍基。尾鳍后缘圆弧形。体色灰黄，从吻端至眼睛有1条斜行条纹，尾鳍基上侧有显著黑斑。

头部	头部腹面	尾部

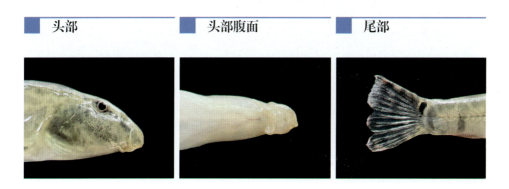

食性特征

主要摄食底栖无脊椎动物、藻类和植物碎屑。

繁殖习性

繁殖期5—6月，产漂流性卵。

调查成果

在保护区水域有历史分布。

泥 鳅

Misgurnus anguillicaudatus（Cantor，1842）

活体照

韩晓摄

俗　名：鳅

分类地位：鲤形目 Cypriniformes、鳅科 Cobitidae、泥鳅属 *Misgurnus*

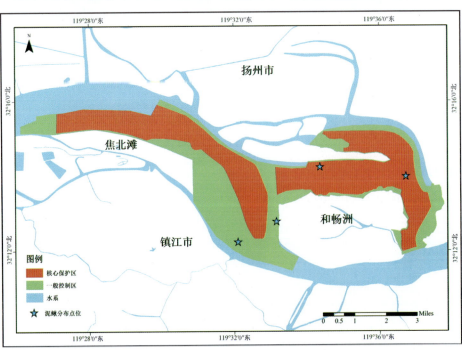

形态特征

体长，腹鳍以前圆筒形，此后渐侧扁，尾柄扁薄。头较尖，吻部倾斜角度大，吻长小于眼后头长。眼小，侧上位，包被皮膜；眼缘不游离，眼间隔前狭后宽。背鳍起点距吻端较距尾鳍基远。胸鳍侧下位，后伸远不达腹鳍起点。腹鳍起点位于背鳍基中点下方，后伸不达肛门。肛门靠近臀鳍起点。臀鳍短，起点距腹鳍起点较距尾鳍基近，后伸不达尾鳍基。尾柄上脊起点位于背鳍末端，末端与尾鳍相连，尾柄下脊起点位于臀鳍基或稍后，末端也与尾鳍相连，尾鳍圆形。背侧深灰色，有的个体间具褐色斑纹，腹部灰白色，尾柄基上侧具1个明显的黑斑。奇鳍上密集褐条，偶鳍浅灰色，无斑纹。成熟雄鱼体色鲜艳，全身黄棕色或浅金黄色。

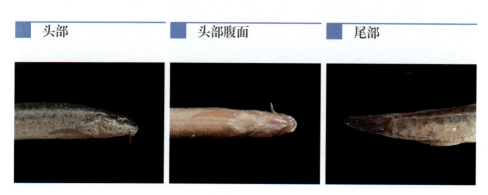

| 头部 | 头部腹面 | 尾部 |

食性特征

杂食性鱼类，幼鱼主要摄食各种轮虫和虾蟹类，成鱼主要摄食昆虫幼虫、藻类和高等植物。

繁殖习性

雌鱼1~2龄、雄鱼1龄性成熟，繁殖期4—10月，分批产卵，产沉性卵，卵淡黄色。

调查成果

共采集5尾，全长范围为102~151 mm，体长范围为83~133 mm，体重范围为5.7~21.9 g。

粗唇鮠   *Leiocassis crassilabris*（Günther，1864）

活体照

俗　　名：乌嘴肥

分类地位：鲇形目 Siluriformes、鲿科 Bagridae、鮠属 *Leiocassis*

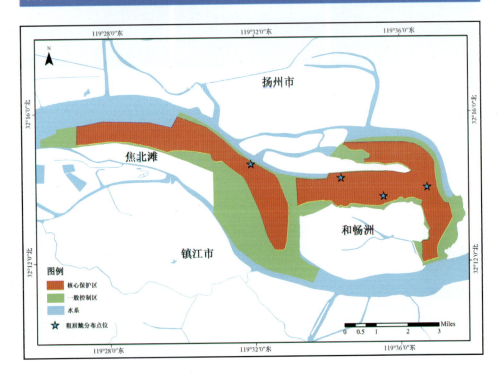

形态特征

体长，前段较肥胖，后段侧扁。头部宽平，头顶包被皮膜。吻端圆钝，突出。口下位，横裂。唇厚，口角唇褶发达，上、下唇沟明显。眼大，位于头的前部，侧上位，包被皮膜，无游离眼缘。眼间隔宽阔，微凸。背鳍起点约位于胸鳍起点至腹鳍起点的中点。背鳍刺后缘锯齿细小或仅具齿痕，刺长大于胸鳍刺长。脂鳍前低后高，末端游离，其基长约等于臀鳍基长。胸鳍刺宽扁，前缘光滑，后缘锯齿发达。腹鳍位于背鳍末端稍后，后伸达肛门。肛门距臀鳍起点较距腹鳍起点近。臀鳍与脂鳍相对。尾鳍深叉形，上叶稍长。体光滑无鳞。侧线完全。背鳍灰黄色，腹部各鳍浅黄色。

| 头部 | 头部腹面 | 尾部 |

食性特征

肉食性鱼类，主要摄食水生昆虫、水生寡毛类和小型鱼虾蟹等。

繁殖习性

2龄性成熟，繁殖期5—7月，一次性产卵，产黏性卵。

调查成果

共采集7尾，全长范围为276~849 mm，体长范围为241~749 mm，体重范围为169.5~4337.0 g。

大鳍鳠　　　　　*Mystus macropterus*（Bleeker，1871）

活 体 照

陈浩骏　摄

俗　　名：牛尾巴、牛尾子、江鼠、罐巴子
分类地位：鲇形目 Siluriformes、鲿科 Bagridae、鳠属 *Mystus*

形态特征

体长，前段矮扁，后段侧扁。头部平扁，头宽大于体宽。口下位，弧形。唇薄，口角具唇褶，上、下唇沟明显。眼侧上位，位于头的前半部，眼缘游离，不被皮膜。眼间隔宽平。背鳍起点距吻端约为距尾鳍基的1/2。背鳍刺光滑无齿，刺长稍短于胸鳍刺。脂鳍基甚长，起点接近背鳍，末端接近尾鳍，末端不游离，不与尾鳍相连。胸鳍刺宽厚，前缘具细锯齿，后缘锯齿发达。腹鳍起点与背鳍末端相对或稍前，后伸不达臀鳍起点。肛门靠近腹鳍基。臀鳍起点距腹鳍起点约等于其基末距尾鳍基。尾鳍深叉形，上、下叶均为长圆形，上叶稍长。背侧灰褐色，腹部及各鳍灰白色，尾鳍上叶微黑色。

头部	头部腹面	尾部

食性特征

主要摄食水生昆虫及其幼虫、底栖动物和小鱼小虾，以高等植物碎屑及藻类为辅。

繁殖习性

2~3龄性成熟，繁殖期5—7月，一次性产卵，产黏性卵，成熟卵呈扁圆形，橙黄色，透明。

调查成果

在保护区水域有历史分布。

长须黄颡鱼　　　　*Pelteobagrus eupogon*（Boulenger，1892）

活 体 照

俗　　名： 小头黄颡鱼

分类地位： 鲇形目 Siluriformes、鲿科 Bagridae、黄颡鱼属 *Pelteobagrus*

119°28'0"东　　　　119°32'0"东　　　　119°36'0"东

N

扬州市

32°16'0"北

焦北滩

32°16'0"北

和畅洲

镇江市

32°12'0"北

32°12'0"北

图例

核心保护区
一般控制区
水系
长须黄颡鱼分布点位

Miles
0　0.5　1　　2　　3

119°28'0"东　　　　119°32'0"东　　　　119°36'0"东

形态特征

体细长，体长为体高的 5 倍以上，腹鳍前较肥胖，向后渐侧扁，背部在背鳍起点处隆起，有的隆起不明显。口下位，弧形。上、下颌及颚骨具绒毛状齿带。眼位于头的前部，侧上位，眼缘部分游离，不完全包被皮膜，眼间隔宽阔。颌须较长，向后可伸达胸鳍的中部。背鳍起点距吻端小于距脂鳍基末，背鳍刺长约等于胸鳍刺长，其后缘具弱锯齿。脂鳍与臀鳍相对，后端游离，其基长短于臀鳍基长。胸鳍硬刺前缘锯齿细弱，通常包于皮内，后缘锯齿发达。腹鳍后伸接近或达臀鳍起点。肛门位于腹鳍基末至臀鳍起点间的中点。尾鳍深叉形，上、下叶均为长圆形。体裸露无鳞，侧线完全，体灰黄色，腹部灰白色，鼻须和颌须黑色，背侧具黑斑，各鳍灰黑色。

| 头部 | 头部腹面 | 尾部 |

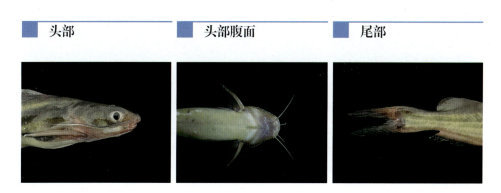

食性特征

主要摄食螺蛳、水生昆虫和小型鱼虾。

繁殖习性

繁殖期 5—7 月，产黏性卵。

调查成果

共采集 21 尾，全长范围为 58~282 mm，体长范围为 48~241 mm，体重范围为 1.5~188.9 g。

黄颡鱼

Pelteobagrus fulvidraco（Richardson，1846）

活 体 照

俗　　名：黄辣丁、盎公

分类地位：鲇形目 Siluriformes、鲿科 Bagridae、黄颡鱼属 *Pelteobagrus*

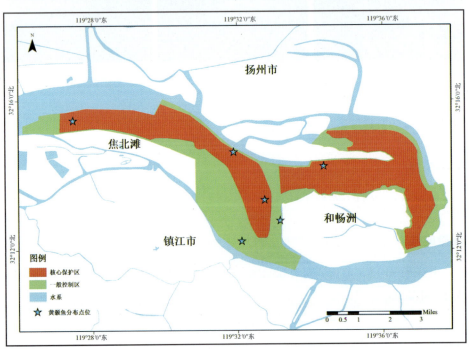

形态特征

头部较宽，由后向前逐渐平扁，头背粗糙，头顶大部分裸露。吻短而圆钝，口下位，弧形，唇发达。眼侧上位，位于头的前部，眼缘游离，不被皮膜，眼间隔宽平，中间稍凹。颌须较长，后伸达或超过胸鳍起点。背鳍较小，鳍基短，末根不分支鳍条为硬刺，其后缘具弱锯齿。胸鳍刺长大于背鳍，其前缘锯齿细小，后缘锯齿发达。腹鳍位于背鳍基末下方稍后，后伸达臀鳍起点。臀鳍基长，无硬刺。尾鳍深叉形，末端圆形，下叶略长。体黄绿色，有的个体体侧具黑斑，尾鳍上具黑色纵纹。

头部	头部腹面	尾部

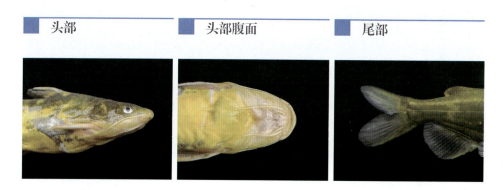

食性特征

杂食性鱼类，主要摄食水生昆虫、软体动物及小型鱼类、虾类等，以植物碎屑、腐屑为辅。

繁殖习性

1龄性成熟，繁殖期4—6月，一次性产卵，产黏性卵，卵浅黄色，受精卵吸水后膨胀，附着在异物上孵化。

调查成果

共采集20尾，全长范围为152~260 mm，体长范围为127~234 mm，体重范围为32.3~162.3 g。

瓦氏黄颡鱼　　　*Pelteobagrus vachelli*（Richardson，1846）

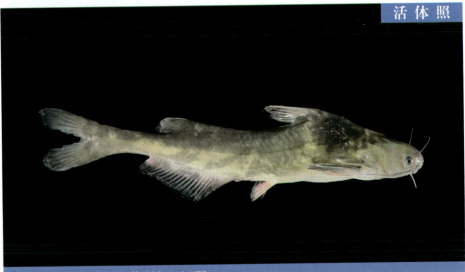

活体照

俗　　名：肥坨、江黄颡鱼、江颡
分类地位：鲇形目 Siluriformes、鲿科 Bagridae、黄颡鱼属 *Pelteobagrus*

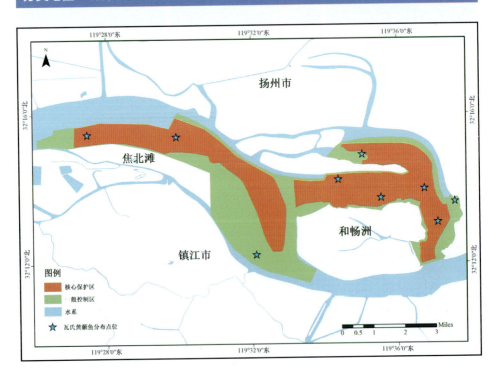

形态特征

体长，腹鳍之前体形较胖圆，向后渐侧扁。头稍平扁，头宽大于体宽。吻圆钝，稍突出，口下位，弧形，唇发达，口角具唇褶。眼侧位，眼缘部分游离，眼间隔微隆。颌须略粗壮，后端超过胸鳍基后端，外侧颌须长于内侧颌须，后伸达胸鳍。背鳍起点距吻端小于其基末距脂鳍起点，背鳍硬刺尖长，长于胸鳍刺，后缘具锯齿。胸鳍刺前缘光滑，后缘具强锯齿，后伸不达腹鳍起点。腹鳍后伸达臀鳍起点。尾鳍深叉形。背侧灰黄色，腹部及各鳍黄色。

头部	头部腹面	尾部

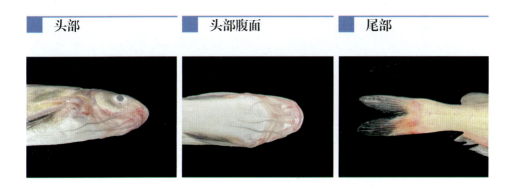

食性特征

杂食性鱼类，主要摄食虾蟹类、小型软体动物等，以植物碎屑、种子等为辅。越冬期有停食或摄食减少的习性，繁殖期也可见空胃现象。

繁殖习性

2~3龄性成熟，繁殖期4—7月，一次性产卵，产黏性卵。成熟卵近圆形，橙黄色，半透明，受精卵吸水后膨胀。

调查成果

共采集22尾，全长范围为46~475 mm，体长范围为35~394 mm，体重范围为0.7~668.3 g。

光泽黄颡鱼

Pelteobagrus nitidus (Sauvage *et* Dabry，1874)

活体照

俗　　名：油黄鮕

分类地位：鲇形目 Siluriformes、鲿科 Bagridae、黄颡鱼属 *Pelteobagrus*

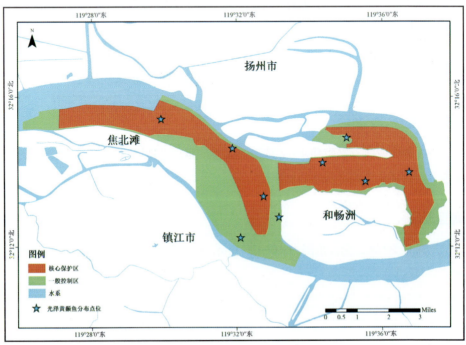

形态特征

体长，前段略平扁，后段侧扁。头稍平扁，头宽大于体宽。吻短，稍尖，吻长远小于眼后头长。口下位，弧形。眼位于头的前部，侧上位，眼缘部分游离。眼间距宽阔，微隆起，颌须较短，后伸不达胸鳍起点。背鳍不分支鳍条为硬刺，其后缘具弱锯齿，起点距吻端较距脂鳍基末近。脂鳍基短于臀鳍基，起点位于臀鳍上方，末端游离。胸鳍刺前缘光滑，后缘具明显锯齿，其长短于背鳍刺。腹鳍位于背鳍基后方，后伸达臀鳍起点。臀鳍基较长。肛门靠近臀鳍起点，尾鳍深叉形。体光滑无鳞，侧线完全，平直。体灰黄色，腹部黄白色，背侧具褐色斑纹，各鳍浅灰色。

头部	头部腹面	尾部

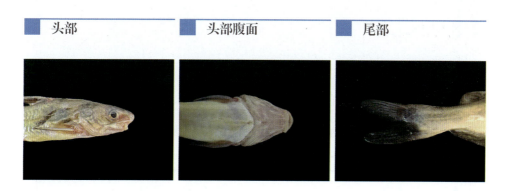

食性特征

杂食性鱼类，主要摄食水生昆虫及幼虫、寡毛类，以小型鱼虾及鱼卵等为辅。繁殖期摄食强度下降。

繁殖习性

1龄达性成熟，繁殖期4—5月，分批产卵，产黏性卵，成熟卵近球形，橙黄色，卵膜透明。

调查成果

共采集71尾，全长范围为84~257 mm，体长范围为71~213 mm，体重范围为3.9~160.9 g。

圆尾拟鲿

Pseudobagrus tenuis（Günther, 1873）

活体照

俗　　名：牛尾巴、三肖

分类地位：鲇形目 Siluriformes、鲿科 Bagridae、拟鲿属 *Pseudobagrus*

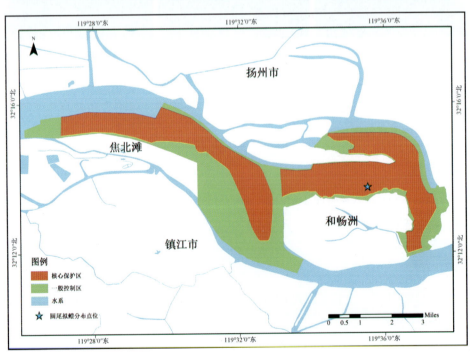

形态特征

　　体延长，前段平扁，后段侧扁，尾柄细长。头扁平。吻圆钝，口小，下位，横裂。眼小，侧上位，包被皮膜，无游离眼缘，眼间隔宽平。背鳍短小，背鳍刺前后缘均光滑无锯齿，起点距吻端大于距脂鳍起点。脂鳍低长，后缘游离，起点位于背鳍基末至尾鳍基间的中点。臀鳍鳍条不少于20根，起点位于脂鳍起点垂直下方略后，距尾鳍基略大于距胸鳍起点。胸鳍侧下位，具1根较扁的硬刺，前缘光滑，后缘具发达锯齿，后伸远不达腹鳍起点。腹鳍起点位于背鳍基后下方，距胸鳍基末大于距臀鳍起点，后伸不达臀鳍起点。肛门约位于腹鳍基末至臀鳍起点的中点。尾鳍宽圆微凹，尾柄最低处至末端逐渐上升变宽，末端圆，具白色窄边。活体暗灰色，腹部浅黄色，无黄色纵线纹，各鳍暗灰色。

头部	头部腹面	尾部

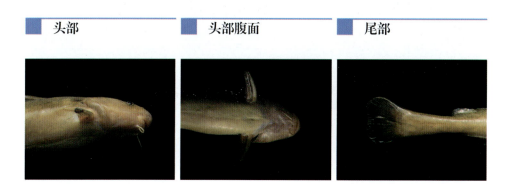

食性特征

　　主要摄食水生昆虫、软体动物和鱼虾。

繁殖习性

　　繁殖期4—6月，产沉性卵。

调查成果

　　共采集7尾，全长范围为89~202 mm，体长范围为59~175 mm，体重范围为3.0~43.5 g。

鲇

Silurus asotus（Linnaeus，1758）

活体照

俗　　名：鲶鱼

分类地位：鲇形目 Siluriformes、鲇科 Siluridae、鲇属 *Silurus*

形态特征

体延长，前部较宽，自头后部向尾部渐侧扁。头部略平扁。口大，亚上位。下颌突出于上颌，上下颌具绒毛状细齿，排列成齿带，齿带较宽，在中部分开或分开处不明显。犁骨亦具绒毛状齿带，齿带两端较尖，中间较窄。须2对，1对颌须，末端伸达胸鳍末端；1对颏须，较短。幼鱼有3对须，到一定长度（体长60 mm左右）时消失1对颏须。眼小，侧上位。体裸露无鳞，体表多黏液，皮肤光滑。背鳍短小，无硬刺，约位于体长的前1/3处，在腹鳍之前的上方。胸鳍侧位，硬刺前缘具弱锯齿，上覆皮膜，后缘具强锯齿，末端伸过背鳍起点的垂直线但不达腹鳍。腹鳍起点位于背鳍基末端垂直线之后，后伸超过臀鳍起点。臀鳍基部很长，后端与尾鳍相连。尾鳍短小，后缘略呈斜切形。

头部	头部腹面	尾部

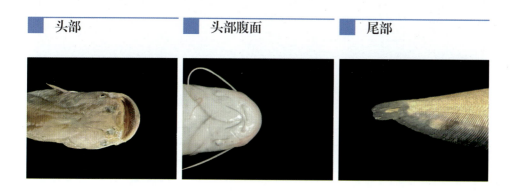

食性特征

底栖肉食性鱼类，主要摄食鱼虾和水生昆虫幼虫。

繁殖习性

1龄性成熟，繁殖期4—6月，产黏性卵。

调查成果

在保护区水域有历史分布。

南方鲇

Silurus meridionalis（Chen，1977）

活体照

俗　　名：洼子、大口鲇
分类地位：鲇形目 Siluriformes、鲇科 Siluridae、鲇属 *Silurus*

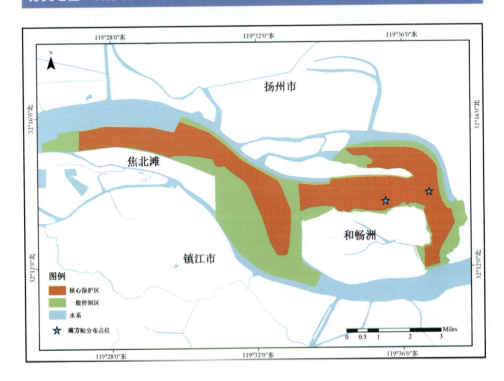

形态特征

体延长，腹鳍前较肥胖，由此向后渐侧扁。头部矮扁，头宽大于体宽。口大，亚上位，口裂末端至少可与眼中部相对。眼小，位于头的前部，侧上位。眼间隔宽平。背鳍短小，末根不分支鳍条柔软分节，位置前移，靠近头部。胸鳍分支鳍条14~15。无脂鳍。胸鳍第1根不分支鳍条为硬刺，其前缘光滑无锯齿或呈颗粒状凸起，后伸可超过背鳍起点下方。腹鳍小，后伸超过臀鳍起点。肛门紧靠臀鳍起点。臀鳍基甚长，末端与尾鳍相连。尾鳍短小，后缘稍内凹，上叶略长。体灰褐色，腹部灰白色，各鳍灰黑色。

| 头部 | 头部腹面 | 尾部 |

食性特征

肉食性鱼类，主要摄食小型鱼虾及水生昆虫等。

繁殖习性

3~4龄性成熟，繁殖期4—6月，产黏性卵，成熟卵呈球形，橙黄色，附着于水草和砾石上孵化。

调查成果

共采集2尾，全长范围为76~744 mm，体长范围为67~712 mm，体重范围为2.2~2255.3 g。

间下鱵

Hyporhamphus intermedius（Cantor，1842）

活 体 照

陈浩骏 摄

俗　　名：传针子、针公、针杆子、针鱼

分类地位：颌针鱼目 Beloniformes、鱵科 Hemiramphidae、下鱵属 *Hyporhamphus*

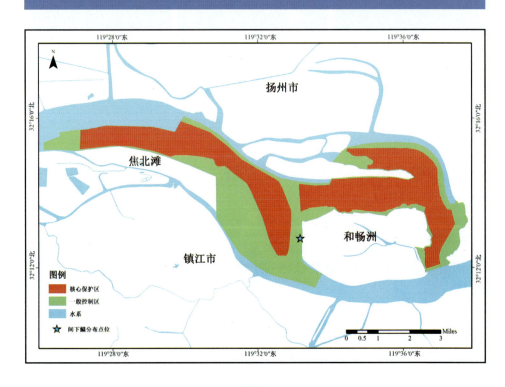

形态特征

体细长，稍侧扁，近柱形，背、腹缘平直，尾部较侧扁。头前方尖，顶部及颊部平。吻较短，口小，平直。眼大，圆形，侧上位。下颌颇长，下颌长大于头长。背鳍位于体后方，起点位于臀鳍第2根不分支鳍条的上方，鳍边缘稍内凹，后方鳍条短。胸鳍侧上位，较长，稍大于吻后头长。腹鳍小，位于腹部后方。臀鳍起点位于背鳍第1鳍条基部下方或位于背鳍起点的垂直线前方。尾鳍叉形，下叶稍长。体背灰绿色，体侧下方及腹部银白色，体侧自胸鳍起点至尾鳍基具1条较狭窄的银白色纵纹，纵纹在背鳍下方较宽，尾鳍边缘黑色，其余各鳍色浅，背部鳞具灰黑色边缘。

头部	头部腹面	尾部

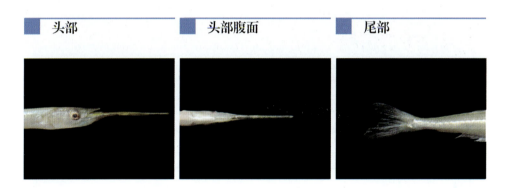

食性特征

主要摄食浮游生物、昆虫。

繁殖习性

繁殖期5—6月，产黏性卵。

调查成果

共采集1尾，全长为134 mm，体长为119 mm，体重为3.3 g。

鯔

Mugil cephalus（Linnaeus，1758）

活 体 照

俗　　名：乌鯔、博头
分类地位：鯔形目 Mugiliformes、鯔科 Mugilidae、鯔属 *Mugil*

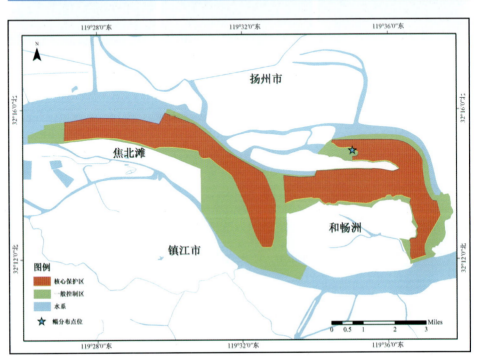

形态特征

体延长而侧扁。头中大，前段稍平扁，头顶较平而宽。吻宽而钝圆，口下位，口裂小，较平直。眼间隔宽而平。背鳍2个，两背鳍间隔约等于第2背鳍基底至尾鳍基距，第1背鳍约位于体的中部上方。臀鳍起点稍前于第2背鳍起点。胸鳍鳍端后伸超过腹鳍基底。腹鳍位于胸鳍后下方。尾鳍分叉。体淡灰色，腹部白色，体侧上半部有几条暗色纵带，各鳍浅灰色，胸鳍基部有1个黑色斑块。

| 头部 | 头部腹面 | 尾部 |

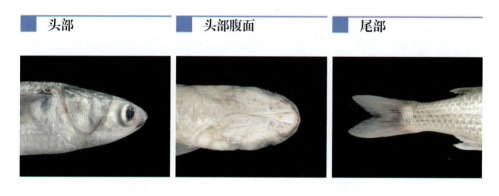

食性特征

杂食性鱼类，幼鱼主要摄食浮游动物，成鱼主要摄食硅藻或固着于泥表的生物。

繁殖习性

雄鱼性成熟一般为4龄，雌鱼为5龄，产浮性卵，产卵场主要在南方沿海，在长江出口的浅海处亦有产卵场。

调查成果

共采集3尾，全长范围为529~683 mm，体长范围为444~581 mm，体重范围为1602.0~3662.5 g。

中华刺鳅

Sinobdella sinensis（Bleeker，1870）

活体照

韩骁摄

俗　　名：刚鳅，沙鳅

分类地位：合鳃鱼目 Synbranchiformes、刺鳅科 Mastacembelidae、刺鳅属 *Sinobdella*

形态特征

体细长，侧扁。头长而尖，略侧扁。吻尖突，吻突长短于眼径，吻长远小于眼后头长。口小，端位，口裂平直。唇发达，上下颌齿尖细，多行。眼小，侧上位，位于头前1/3处，眼下有一硬棘。体均被小圆鳞。前鳃盖骨后缘无棘，边缘不游离。背鳍基底长，前部为多个游离的小棘，可倒伏于背正中的沟中。胸鳍短，宽圆形。腹鳍消失。体背部黄褐色，腹部淡黄色。背、腹部具许多网状花纹。胸鳍浅黄色，其余各鳍灰褐色。

| 头部 | 头部腹面 | 尾部 |

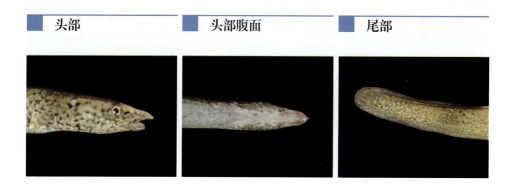

食性特征

主要摄食水生昆虫和小型鱼虾。

繁殖习性

1龄性成熟，繁殖期6—7月，产黏性卵。

调查成果

在保护区水域有历史分布。

中国花鲈

Lateolabrax maculatus（McClelland，1844）

活 体 照

俗　　名：鲈鱼、花鲈

分类地位：鲈形目 Perciformes、多锯鲈科 Polyprionidae、花鲈属 *Lateolabrax*

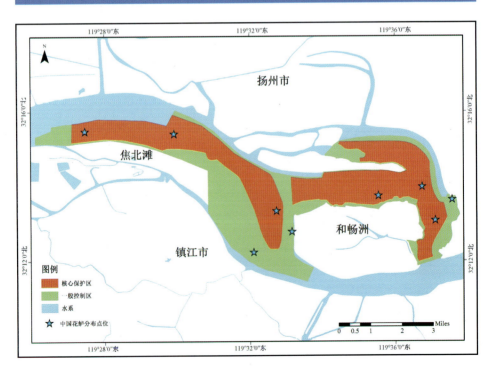

形态特征

体延长而侧扁，背腹缘均圆钝。头中大而尖，头长大于体高。吻长稍大于眼径，口大，端位。眼间隔稍隆起。背鳍2个，仅在基部相连，第1背鳍鳍棘发达，第2背鳍具1根棘，较短，第2背鳍基底较第1背鳍基底短。臀鳍起点位于第2背鳍第6鳍条垂直下方，第2棘强大。胸鳍较小，位低。腹鳍位于胸鳍基下方。尾鳍叉状。体背侧青灰色，背鳍鳍棘部散布若干黑色斑点，斑点随年龄的增长而减少，腹面灰白色，背鳍鳍条部及尾鳍边缘黑色，胸鳍、腹鳍和臀鳍灰色。

■ 头部	■ 头部腹面	■ 尾部

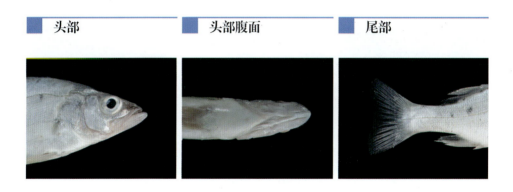

食性特征

肉食性鱼类，幼鱼主要摄食浮游动物和水生昆虫，成鱼主要摄食鱼类、虾蟹类等。

繁殖习性

雌鱼少数3龄性成熟，大部分4龄性成熟，产浮性卵。

调查成果

共采集26尾，全长范围为97~370 mm，体长范围为82~330 mm，体重范围为10.5~465.6 g。

鳜　　　　　　　　　　　　*Siniperca chuatsi*（Basilewsky，1855）

活 体 照

俗　　名：桂鱼、桂花鱼

分类地位：鲈形目 Perciformes、鮨科 Serranidae、鳜属 *Siniperca*

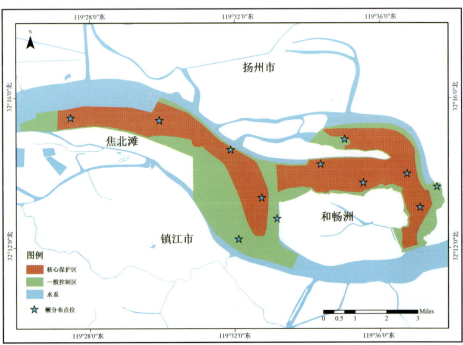

形态特征

体高而侧扁，背部隆起较高，背缘弧形，腹部圆，下突较明显，颊部具鳞，吻部宽短，吻长稍大于眼径。口大，近上位。眼位于头的前部，侧上位，眼间隔狭窄。侧线鳞 110~142。背鳍由数量较多的硬棘和软鳍条组成，背鳍基较长，起点位于胸鳍上方，末端接近尾鳍基。胸鳍圆形，腹鳍具硬棘，位置前移，接近胸位。肛门紧靠臀鳍起点。臀鳍由硬棘和软鳍条组成。尾鳍圆形。体黄绿色，腹部黄白色，第 5~7 根背鳍棘下具 1 条垂直的褐色斑带，体侧具有许多不规则的褐色斑纹，基鳍上具数条不连续的褐色斑纹。

头部	头部腹面	尾部

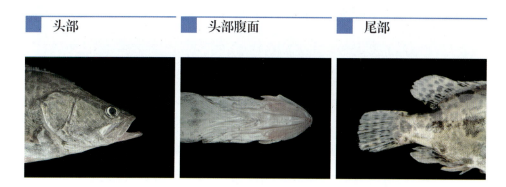

食性特征

肉食性鱼类，主要摄食鱼虾。

繁殖习性

雄鱼 1 龄、雌鱼 2 龄性成熟，繁殖期 5—7 月，产浮性卵，成熟卵呈圆球形，淡青黄色，受精卵吸水后膨胀。

调查成果

共采集 91 尾，全长范围为 195~596 mm，体长范围为 163~490 mm，体重范围为 86.2~4029.0 g。

大眼鳜

Siniperca kneri（Garman，1912）

活 体 照

俗　　名：牛眼鳜鱼、桂鱼

分类地位：鲈形目 Perciformes、鮨科 Serranidae、鳜属 *Siniperca*

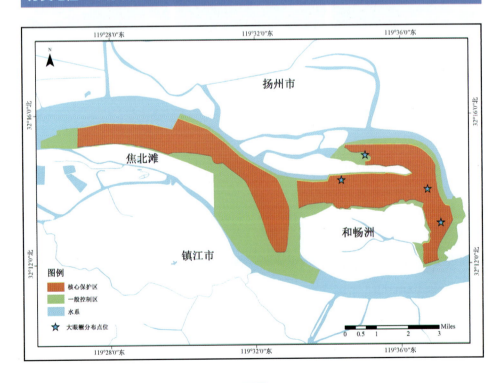

形态特征

体高而侧扁，背部隆起呈弧形，腹部稍下突，颊部无鳞。口大，近上位，斜裂。眼大，位于头前部，侧上位，眼径大于眼间距，眼间隔狭窄。上颌骨伸达眼后缘的前下方。侧线鳞85~98。背鳍由数目较多的鳍棘和鳍条组成，一般鳍棘长度短于软鳍条长；背鳍基较长，起点位于胸鳍起点上方，末端接近尾鳍基。胸鳍圆形，腹鳍具鳍棘，鳍基前移近胸位，肛门紧靠臀鳍起点。臀鳍由鳍棘和软鳍条组成，软鳍条外缘呈圆形。尾鳍后缘近截形。体背棕黄色，腹部灰白色。从吻端穿过眼睛至背鳍前部具1条斜行的褐色带纹，第4~7根背鳍刺下具1条不明显的宽阔带纹包于背侧。背鳍、臀鳍、尾鳍均有黑色点状斑纹，奇鳍上具数条不连续的褐色斑纹。

头部	头部腹面	尾部

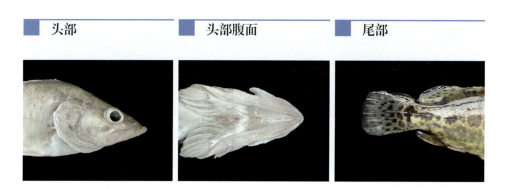

食性特征

肉食性鱼类，主要摄食鱼类、虾类和水生昆虫。

繁殖习性

雄鱼1龄、雌鱼2龄性成熟，繁殖期4—8月，盛产期5—6月，产浮性卵，成熟卵呈圆球形，微油黄色，受精卵吸水后膨胀。

调查成果

共采集6尾，全长范围为164~218 mm，体长范围为132~186 mm，体重范围为48.3~109.7 g。

斑　鳜

Siniperca scherzeri（Steindachner，1892）

活体照

俗　　名：桂鱼、花桂

分类地位：鲈形目 Perciformes、鮨科 Serranidae、鳜属 *Siniperca*

形态特征

体延长，稍侧扁，头后背部略隆起。吻尖突，吻长大于眼径。口大，斜裂，具1条细长辅上颌骨。眼中大，眼间距约等于或略大于眼径。背鳍连续，起点位于胸鳍基底上方。胸鳍宽圆，后端不伸达腹鳍末端。腹鳍起点稍后于胸鳍基部。尾鳍圆形。体背侧黄褐色，腹部灰白色。体侧具许多褐色斑纹。奇鳍上具数条不连续的褐色斑纹。胸鳍和腹鳍浅灰褐色。

| 头部 | 头部腹面 | 尾部 |

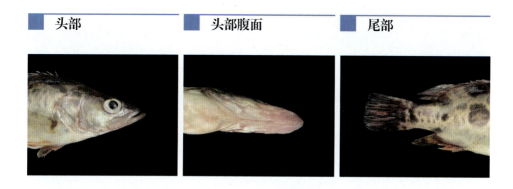

食性特征

肉食性鱼类，主要摄食小型鱼类，以螺和昆虫幼体为辅。

繁殖习性

雄鱼1龄、雌鱼2龄性成熟，繁殖期5—6月，产漂流性卵。

调查成果

在保护区水域有历史分布。

香斜棘䲁

Callionymus olidus（Günther，1873）

活 体 照

俗　　名：香闲

分类地位：䲁目 Callionymiformes、䲁科 Callionymidae、斜棘䲁属 *Callionymus*

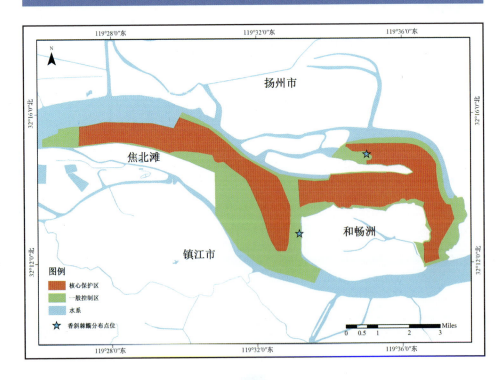

形态特征

体延长，宽扁，向后渐细尖。头平扁，三角形，头宽约等于头长。吻短而尖凸，约等于眼径。口小，亚端位，能伸缩。眼较小，侧上位。眼间隔稍凹，眼间距狭，小于眼径。背鳍2个，相距颇远，间距约为第1背鳍基长的2倍；第1背鳍很小，始于胸鳍基底上方，鳍棘短小（雌鱼）或稍长（雄鱼）；第2背鳍基底延长，最后一根鳍条分支，末端不达尾鳍基。臀鳍始于第2背鳍第3根鳍条下方，最后鳍条分支，末端不达尾鳍基。胸鳍宽大，长于头长。腹鳍喉位，略长于胸鳍，鳍膜连于胸鳍基部。尾鳍圆形，长于头长。体灰褐色，密具暗色细斑。第1背鳍深黑色，近基部浅色；臀鳍浅色；其余各鳍上具黑色小斑点。

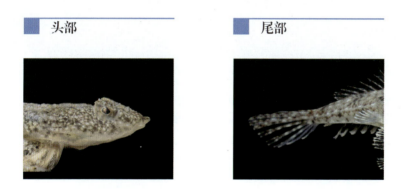

头部　　　　　　尾部

食性特征

主要摄食浮游植物和浮游动物。

繁殖习性

繁殖期4—6月，产黏性卵，性腺发达，怀卵量800~1200粒。

调查成果

共采集4尾，全长范围为45~73 mm，体长范围为35~57 mm，体重范围为0.6~3.5 g。

河川沙塘鳢

Odontobutis potamophila（Günther，1861）

活体照

陈浩骏　摄

俗　　名：河川鲈塘鳢
分类地位：虾虎鱼目 Gobiiformes、塘鳢科 Eleotridae、沙塘鳢属 *Odontobutis*

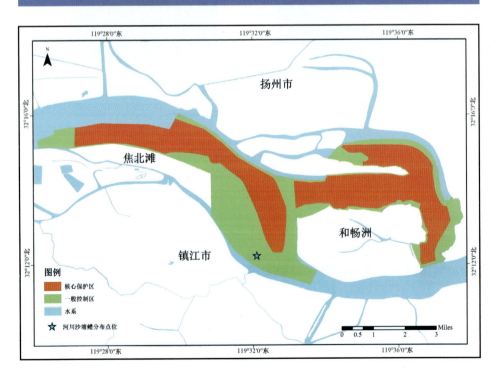

形态特征

　　体延长，粗壮，前段亚圆筒形，后段侧扁；背缘、腹缘呈浅弧形隆起，尾柄较高。头宽大，平扁，头宽大于头高，颊部圆突。口大，端位，斜裂。唇厚。舌大，游离，前端圆形。吻宽短，吻长大于眼径。眼小，侧上位，稍突出，位于头的前半部。眼间隔宽且凹入，稍大于眼径，其两侧眼上缘处具细弱骨质嵴。背鳍2个，分离。胸鳍宽圆，扇形，后伸超过第1背鳍基末。腹鳍较短小，起点位于胸鳍起点下方，左、右腹鳍相互靠近，不愈合成吸盘，后伸远不达肛门。臀鳍和第2背鳍相对，起点位于第2背鳍第3~4根鳍条下方。尾鳍圆形。体侧具3~4个宽而不整齐的鞍形黑斑，横跨背部至体侧。头侧及腹面具许多黑色斑纹。第1背鳍具1个浅色斑块，其余各鳍浅褐色，具多行暗色点纹。胸鳍基上、下方各具一长条状黑斑。尾鳍边缘白色，基部有时具2个黑斑。各鳍均具深浅相间的条纹。

| 头部 | 头部腹面 | 尾部 |

食性特征

　　肉食性鱼类，幼鱼主要摄食水蚯蚓、摇蚊幼虫、水生昆虫和虾蟹类等，成鱼主要摄食沼虾、螺蛳、麦穗鱼、水生昆虫等。

繁殖习性

　　1龄性成熟，繁殖期4—6月，产黏性卵。

调查成果

　　共采集3尾，全长范围为127~211 mm，体长范围为106~168 mm，体重范围为18.4~90.7 g。

矛尾虾虎鱼

Chaeturichthys stigmatias（Richardson，1844）

活 体 照

韩 骁 摄

俗　　名：尖尾虾虎鱼

分类地位：虾虎鱼目 Gobiiformes、虾虎鱼科 Gobiidae、矛尾虾虎鱼属 *Chaeturichthys*

形态特征

体延长，前部亚圆筒形，后部侧扁；背缘、腹缘平直。头宽扁。吻圆钝。口大，前位，稍斜裂。下颌突出，长于上颌，上下颌各具2行尖形齿，外行齿较大，呈犬齿状。唇发达。舌宽大，游离，前端圆形。眼较小，侧上位，眼间隔约等于眼径。体背圆鳞，后部鳞较大。背鳍2个，分离。第1背鳍起点在胸鳍基底后上方，鳍棘较短，平放时不伸达第2背鳍起点。第2背鳍后部鳍条较长，平放时不伸达尾鳍基。胸鳍宽圆，约等于或稍短于头长。腹鳍中大，左、右腹鳍愈合成一吸盘。臀鳍基底长，起点在第2背鳍第3鳍条基下方，平放时不伸达尾鳍基。尾鳍尖长。位于鳃盖内的肩带内缘有3个长指状（或舌状）的肉质皮瓣。

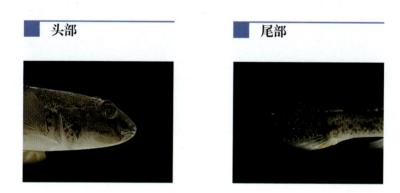

头部 尾部

食性特征

主要摄食桡足类、虾类等底栖动物。

繁殖习性

1龄性成熟，繁殖期4—6月，产黏性卵。

调查成果

在保护区水域有历史分布。

舌虾虎鱼

Glossogobius giuris（Hamilton，1822）

活体照

俗　　名：叉舌虾虎鱼、叉舌鲨
分类地位：虾虎鱼目 Gobiiformes、虾虎鱼科 Gobiidae、舌虾虎鱼属 *Glossogobius*

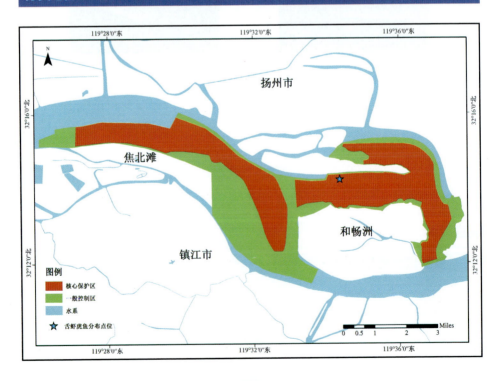

形态特征

体延长，前部圆筒形，后部侧扁。背缘浅弧形，腹缘稍平直；尾柄颇长，大于体高。头中大，较尖，略平扁，背部稍隆起。吻尖突，吻长大于眼径。背侧位，眼上缘突出于头部背缘。眼间隔狭窄，稍内凹；眼上缘及后缘有1个半环形的纵行突起。口中大，前位，斜裂。背鳍2个，分离。臀鳍与第2背鳍相对，其起点位于第2背鳍第1鳍条的下方，后部鳍条较长，平放时不伸达尾鳍基。胸鳍宽圆，侧下位，鳍长约等于吻后头长，后缘不伸达肛门上方。腹鳍略短于胸鳍，圆形，左、右腹鳍愈合成一吸盘。尾鳍长圆形，短于头长。肛门与第2背鳍起点相对。第1背鳍灰褐色，后端有时具1个黑色圆斑。第2背鳍具3~4纵列褐色小点。臀鳍褐色，基部色浅。腹鳍灰褐色。胸鳍及尾鳍灰褐色，具暗色斑纹。

| 头部 | 头部腹面 | 尾部 |

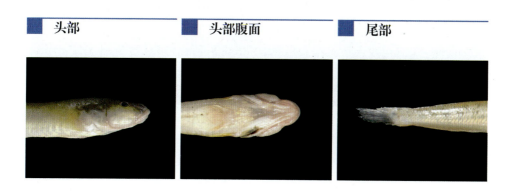

食性特征

肉食性鱼类，主要摄食小型鱼类、虾蟹类、无脊椎动物。

繁殖习性

1~2龄性成熟，产黏性卵。具有高度特化的底栖繁殖行为，选择在河口或淡水区的贝类空壳（如河蚬、螺壳）或岩石缝隙产卵。

调查成果

共采集1尾，全长为119 mm，体长为97 mm，体重为13.1 g。

波氏吻虾虎鱼　　*Rhinogobius cliffordpopei*（Nichols，1925）

活 体 照

韩 骁 摄

俗　　名：克氏虾虎鱼

分类地位：虾虎鱼目 Gobiiformes、虾虎鱼科 Gobiidae、吻虾虎鱼属 *Rhinogobius*

形态特征

体延长，前部圆筒形，后部侧扁。头大。吻宽钝，吻长大于眼径。口端位，斜裂。上颌骨末端伸达或不达眼前缘下方。两颌各具数行细齿，外行齿较大。眼角大，侧上位。眼间隔稍凹，约等于或略大于眼径。舌游离，前端圆形。无背鳍前鳞，个别个体背鳍前仅具4~5鳞。背鳍2个，第1背鳍始于胸鳍基部后上方，后端伸达第2背鳍起点；第2背鳍较高，后伸不达尾鳍基。胸鳍宽圆。左右腹鳍愈合成一吸盘。臀鳍起点约与第2背鳍的第2鳍条相对，后伸不达尾鳍基。尾鳍长圆形。体灰黑色，背部暗色，腹部浅色。

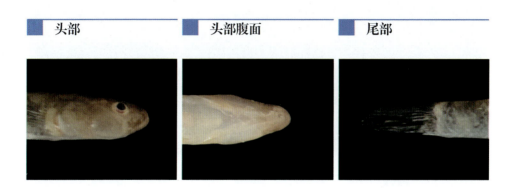

头部　　　　头部腹面　　　　尾部

食性特征

杂食性鱼类，主要摄食摇蚊幼虫、枝角类和桡足类，以藻类和有机碎屑为辅。

繁殖习性

繁殖期4—6月，产黏性卵。

调查成果

在保护区水域有历史分布。

子陵吻虾虎鱼

Rhinogobius giurinus（Rutter，1897）

活体照

俗　　名：狗尾鱼、磨底嫩、春鱼、爬地虎、麻波鱼

分类地位：虾虎鱼目 Gobiiformes、虾虎鱼科 Gobiidae、吻虾虎鱼属 *Rhinogobius*

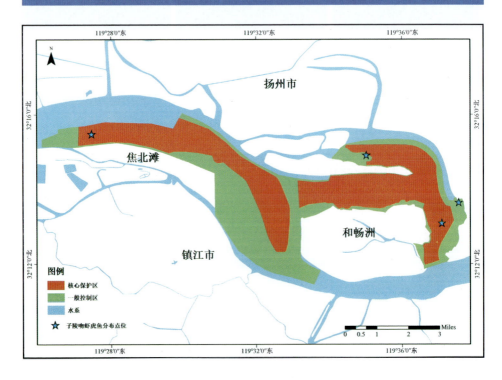

形态特征

体延长，前段近圆筒形，后段稍侧扁，背缘呈浅弧形隆起，腹缘稍平直。尾柄颇长，长于体高。头圆钝，前部宽而平扁，背部稍隆起，头宽大于头高。口端位，斜裂。眼背侧位，位于头的前半部，眼上缘突出于头部背缘。眼间距狭窄，稍小于眼径，内凹。背鳍2个，分离。胸鳍宽大，圆形，侧下位，鳍长约等于吻后头长，后缘不达肛门上方。腹鳍略短于胸鳍，左、右愈合成一吸盘。吸盘长圆形，膜盖发达，边缘深凹。臀鳍与第2背鳍相对，起点位于第2背鳍第2~3根鳍条的下方，后部鳍条较长，平放时，不伸达尾鳍基。肛门与第2背鳍起点相对。尾鳍长圆形，短于头长。臀鳍、腹鳍和胸鳍黄色，胸鳍基上端具1个黑斑。背鳍和尾鳍黄色或橘红色，具多条暗色点纹。

头部	头部腹面	尾部

食性特征

肉食性鱼类，主要摄食水生昆虫、浮游动物、小型鱼虾等。

繁殖习性

繁殖期4—6月，产黏性卵。黏附于石头、沙砾和其他物体上孵化。

调查成果

共采集6尾，全长范围为34~63 mm，体长范围为30~53 mm，体重范围为0.2~2.9 g。

纹缟虾虎鱼

Tridentiger trigonocephalus（Gill，1859）

活 体 照

韩 骁 摄

俗　　名： 三叉戟虾虎

分类地位： 虾虎鱼目 Gobiiformes、虾虎鱼科 Gobiidae、缟虾虎鱼属 *Tridentiger*

形态特征

体延长，粗壮，前部圆筒形，后部略侧扁。头中大，略平扁，背视三角形突出。吻较长，稍大于眼径，前端圆突。口中大，前位，稍斜裂。上、下颌约等长，或上颌稍突出，上颌骨后端伸达眼后缘下方或稍前。上下颌各有齿2行，外行齿除最后数齿外，均为三叉形，中齿尖最长，较钝，内行齿细尖，顶端不分叉，稍向内弯。舌较宽，游离，前端圆形。头部无须。背鳍2个，分离。第1背鳍起点位于胸鳍基部后上方，常具黑色斑块或斑点，鳍棘短弱，具6根鳍棘。第2背鳍具1根鳍棘，11~14鳍条。胸鳍长稍大于眼后头长，后伸不达肛门。腹鳍中大，膜盖发达，边缘深凹，左、右腹鳍愈合成一吸盘。尾鳍后端圆形。体侧具4~6条黑色垂直宽条纹。

| 头部 | 头部腹面 | 尾部 |

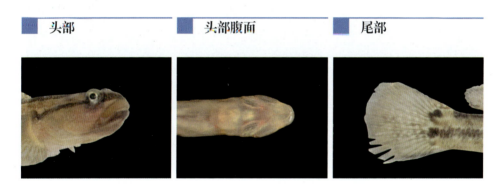

食性特征

主要摄食仔鱼、枝角类、桡足类及其他水生昆虫。

繁殖习性

繁殖期3—7月，产黏性卵。

调查成果

在保护区水域有历史分布。

乌 鳢

Channa argus（Cantor，1842）

活体照

俗　　名： 黑鱼、乌鱼
分类地位： 攀鲈目 Anabantiformes、鳢科 Channidae、鳢属 *Channa*

形态特征

体延长，前部圆筒状，尾部侧扁，尾柄短。头长，前部平扁，后部隆起。吻短，圆钝，长于眼径。口大，端位，斜裂。下颌稍突出，上颌骨后延伸超过眼后缘下方。眼较小，侧上位，近于吻端。鳃孔大，左右鳃盖膜连合。头、体均被圆鳞。背鳍1个，基底长，始于胸鳍基稍后上方，后延几乎达尾鳍。胸鳍宽圆，具腹鳍，始于背鳍起点稍后方。臀鳍基底较长，始于背鳍第14~15鳍条基部下方，距吻端较距尾鳍基近。尾鳍圆形。体灰黑色，腹部浅色，体侧具许多不规则黑斑。头部眼后至鳃盖有2条黑色纵带。背鳍、臀鳍和尾鳍暗色，具黑色细纹，胸鳍和腹鳍浅黄色，胸鳍基部有一黑点。

| 头部 | 头部腹面 | 尾部 |

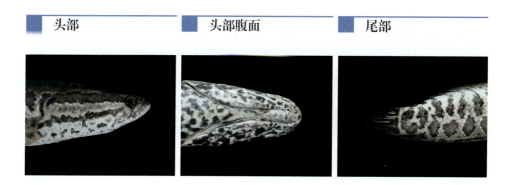

食性特征

肉食性鱼类，不同体长个体食性有显著区别，大致分为3个阶段：体长在30 mm 内的个体，主要摄食桡足类、枝角类和摇蚊幼虫；体长在30~80 mm 的个体，主要摄食水生昆虫的幼虫和小虾，以小型鱼类为辅；成鱼阶段，摄食鱼类和虾类。

繁殖习性

2龄性成熟，繁殖期5—7月，产浮性卵。亲鱼有护卵行为。

调查成果

在保护区水域有历史分布。

窄体舌鳎

Cynoglossus gracilis（Günther, 1873）

活 体 照

俗　　名：鞋底鱼、箬鳎鱼、半片鱼头

分类地位：鲽形目 Pleuronectiformes、舌鳎科 Cynoglossidae、舌鳎属 *Cynoglossus*

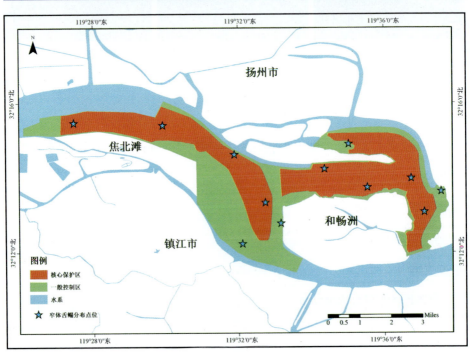

形态特征

体舌状，狭长而侧扁。头较小，头长约等于头高。吻较长，吻长大于上眼至背鳍基的距离。口小，弧形。两眼小，均位于头的左侧，眼间隔较平。背鳍始于吻端上方。臀鳍始于鳃孔稍后下方，背鳍和臀鳍与尾鳍相连。无胸鳍。腹鳍位于峡部后端，与臀鳍相连，尾鳍尖形。头、体有眼侧灰褐色，无眼侧白色。

| 头部 | 头部腹面 | 尾部 |

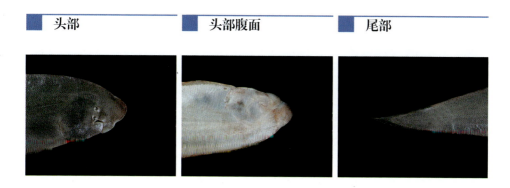

食性特征

成鱼为杂食性，主要摄食虾类和螺类，以鱼卵及植物腐屑为辅。

繁殖习性

繁殖期5—8月，产浮性卵。

调查成果

共采集106尾，全长范围为93~373 mm，体长范围为84~355 mm，体重范围为2.4~228.2 g。